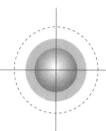

工程勘察设计

国家发展计划委员会 建设部◎编

收费标准

U0201411

中国市场出版社

China Market Press

·北京·

图书在版编目（CIP）数据

工程勘察设计收费标准／国家发展计划委员会，建设部编 . — 北京：中国市场出版社有限公司，2018. 1（2021. 6 重印）

ISBN 978 - 7 - 5092 - 1581 - 4

Ⅰ . ①工… Ⅱ . ①国… ②建… Ⅲ . ①建筑工程–地质勘探–收费–标准–中国 Ⅳ . ①TU723. 3–65

中国版本图书馆 CIP 数据核字（2021）第 122476 号

工程勘察设计收费标准

GONGCHENG KANCHA SHEJI SHOUFEI BIAOZHUN

编　　者：	国家发展计划委员会、建设部	
责任编辑：	齐　力	
出版发行：	中国市场出版社	
社　　址：	北京市西城区月坛北小街 2 号院 3 号楼（100837）	
电　　话：	(010) 68034118/68021338/68022950/68020336	
经　　销：	新华书店	
印　　刷：	河北鑫兆源印刷有限公司	
规　　格：	185mm×260mm　　1/16	
印　　张：7	字　　数：165 千字	
版　　次：2018 年 1 月第 3 版	印　　次：2023 年 8 月第 3 次印刷	
书　　号：	ISBN 978-7-5092-1581-4	
定　　价：	55. 00 元	

国家计委、建设部关于发布《工程勘察设计收费管理规定》的通知

计价格〔2002〕10 号

国务院各有关部门，各省、自治区、直辖市计委、物价局，建设厅：

为贯彻落实《国务院办公厅转发建设部等部门关于工程勘察设计单位体制改革若干意见的通知》（国办发〔1999〕101 号），调整工程勘察设计收费标准，规范工程勘察设计收费行为，国家计委、建设部制定了《工程勘察设计收费管理规定》（以下简称《规定》），现予发布，自二〇〇二年三月一日起施行。原国家物价局、建设部颁发的《关于发布工程勘察和工程设计收费标准的通知》（〔1992〕价费字 375 号）及相关附件同时废止。

本《规定》施行前，已完成建设项目工程勘察或者工程设计合同工作量 50% 以上的，勘察设计收费仍按原合同执行；已完成工程勘察或者工程设计合同工作量不足 50% 的，未完成部分的勘察设计收费由发包人与勘察人、设计人参照本《规定》协商确定。

附件：工程勘察设计收费管理规定

二〇〇二年一月七日

主题词：勘察　收费　规定　通知

附件：

工程勘察设计收费管理规定

第一条　为了规范工程勘察设计收费行为，维护发包人和勘察人、设计人的合法权益，根据《中华人民共和国价格法》以及有关法律、法规，制定本规定及《工程勘察收费标准》和《工程设计收费标准》。

第二条　本规定及《工程勘察收费标准》和《工程设计收费标准》，适用于中华人民共和国境内建设项目的工程勘察和工程设计收费。

第三条　工程勘察设计的发包与承包应当遵循公开、公平、公正、自愿和诚实信用的原则。依据《中华人民共和国招标投标法》和《建设工程勘察设计管理条例》，发包人有权自主选择勘察人、设计人，勘察人、设计人自主决定是否接受委托。

第四条　发包人和勘察人、设计人应当遵守国家有关价格法律、法规的规定，维护正常的价格秩序，接受政府价格主管部门的监督、管理。

第五条　工程勘察和工程设计收费根据建设项目投资额的不同情况，分别实行政府指导价和市场调节价。建设项目总投资估算额 500 万元及以上的工程勘察和工程设计收费实行政府指导价；建设项目总投资估算额 500 万元以下的工程勘察和工程设计收费实行市场调节价。

第六条　实行政府指导价的工程勘察和工程设计收费，其基准价根据《工程勘察收费标准》或者《工程设计收费标准》计算，除本规定第七条另有规定者外，浮动幅度为上下 20%。发包人和勘察人、设计人应当根据建设项目的实际情况在规定的浮动幅度内协商确定收费额。

实行市场调节价的工程勘察和工程设计收费，由发包人和勘察人、设计人协商确定收费额。

第七条　工程勘察费和工程设计费，应当体现优质优价的原则。工程勘察和工程设计收费实行政府指导价的，凡在工程勘察设计中采用新技术、新工艺、新设备、新材料，有利于提高建设项目经济效益、环境效益和社会效益的，发包人和勘察人、设计人可以在上浮 25% 的幅度内协商确定收费额。

第八条　勘察人和设计人应当按照《关于商品和服务实行明码标价的规定》，告知发包人有关服务项目、服务内容、服务质量、收费依据，以及收费标准。

第九条　工程勘察费和工程设计费的金额以及支付方式，由发包人和勘察人、设计人在《工程勘察合同》或者《工程设计合同》中约定。

第十条　勘察人或者设计人提供的勘察文件或者设计文件，应当符合国家规定的工程技术质量标准，满足合同约定的内容、质量等要求。

第十一条　由于发包人原因造成工程勘察、工程设计工作量增加或者工程勘察现场停工、窝工的，发包人应当向勘察人、设计人支付相应的工程勘察费或者工程设计费。

第十二条　工程勘察或者工程设计质量达不到本规定第十条规定的，勘察人或者设计人应当返工。由于返工增加工作量的，发包人不另外支付工程勘察费或者工程设计费。由于勘察人或者设计人工作失误给发包人造成经济损失的，应当按照合同约定承担赔偿责任。

第十三条　勘察人、设计人不得欺骗发包人或者与发包人互相串通，以增加工程勘察工作量或者提高工程设计标准等方式，多收工程勘察费或者工程设计费。

第十四条　违反本规定和国家有关价格法律、法规规定的，由政府价格主管部门依据《中华人民共和国价格法》、《价格违法行为行政处罚规定》予以处罚。

第十五条　本规定及所附《工程勘察收费标准》和《工程设计收费标准》，由国家发展计划委员会负责解释。

第十六条　本规定自二〇〇二年三月一日起施行。

目　录

工程勘察收费标准

工程设计收费标准

附　录

工程勘察收费标准

1 总 则

1.0.1 工程勘察收费是指勘察人根据发包人的委托，收集已有资料、现场踏勘、制订勘察纲要，进行测绘、勘探、取样、试验、测试、检测、监测等勘察作业，以及编制工程勘察文件和岩土工程设计文件等收取的费用。

1.0.2 工程勘察收费标准分为通用工程勘察收费标准和专业工程勘察收费标准。

1 通用工程勘察收费标准适用于工程测量、岩土工程勘察、岩土工程设计与检测监测、水文地质勘察、工程水文气象勘察、工程物探、室内试验等工程勘察的收费。

2 专业工程勘察收费标准分别适用于煤炭、水利水电、电力、长输管道、铁路、公路、通信、海洋工程等工程勘察的收费。专业工程勘察中的一些项目可以执行通用工程勘察收费标准。

1.0.3 通用工程勘察收费采取实物工作量定额计费方法计算，由实物工作收费和技术工作收费两部分组成。

专业工程勘察收费方法和标准，分别在煤炭、水利水电、电力、长输管道、铁路、公路、通信、海洋工程等章节中规定。

1.0.4 通用工程勘察收费按照下列公式计算

1 工程勘察收费＝工程勘察收费基准价×（1±浮动幅度值）

2 工程勘察收费基准价＝工程勘察实物工作收费＋工程勘察技术工作收费

3 工程勘察实物工作收费＝工程勘察实物工作收费基价×实物工作量×附加调整系数

4 工程勘察技术工作收费＝工程勘察实物工作收费×技术工作收费比例

1.0.5 工程勘察收费基准价

工程勘察收费基准价是按照本收费标准计算出的工程勘察基准收费额，发包人和勘察人可以根据实际情况在规定的浮动幅度内协商确定工程勘察收费合同额。

1.0.6 工程勘察实物工作收费基价

工程勘察实物工作收费基价是完成每单位工程勘察实物工作内容的基本价格。工程勘察实物工作收费基价在相关章节的《实物工作收费基价表》中查找确定。

1.0.7 实物工作量

实物工作量由勘察人按照工程勘察规范、规程的规定和勘察作业实际情况在勘察纲要中提出，经发包人同意后，在工程勘察合同中约定。

1.0.8 附加调整系数

附加调整系数是对工程勘察的自然条件、作业内容和复杂程度差异进行调整的系数。附加调整系数分别列于总则和各章节中。附加调整系数为两个或者两个以上的，附加调整系数不能连乘。将各附加调整系数相加，减去附加调整系数的个数，加上定值1，作为附加调整系数值。

1.0.9 在气温（以当地气象台、站的气象报告为准）≥35℃ 或者 ≤ - 10℃ 条件下进行勘察作业时，气温附加调整系数为 1.2。

1.0.10 在海拔高程超过 2000m 地区进行工程勘察作业时，高程附加调整系数如下：

海拔高程 2000 ~ 3000m 为 1.1

海拔高程 3001 ~ 3500m 为 1.2

海拔高程 3501 ~ 4000m 为 1.3

海拔高程 4001m 以上的，高程附加调整系数由发包人与勘察人协商确定。

1.0.11 建设项目工程勘察由两个或者两个以上勘察人承担的，其中对建设项目工程勘察合理性和整体性负责的勘察人，按照该建设项目工程勘察收费基准价的 5% 加收主体勘察协调费。

1.0.12 工程勘察收费基准价不包括以下费用：办理工程勘察相关许可，以及购买有关资料费；拆除障碍物，开挖以及修复地下管线费；修通至作业现场道路，接通电源、水源以及平整场地费；勘察材料以及加工费；水上作业用船、排、平台以及水监费；勘察作业大型机具搬运费；青苗、树木以及水域养殖物赔偿费等。

发生以上费用的，由发包人另行支付。

1.0.13 工程勘察组日、台班收费基价如下：

工程测量、岩土工程验槽、检测监测、工程物探　　　　　1000 元/组日

岩土工程勘察　　　　　1360 元/台班

水文地质勘察　　　　　1680 元/台班

1.0.14 勘察人提供工程勘察文件的标准份数为 4 份。发包人要求增加勘察文件份数的，由发包人另行支付印制勘察文件工本费。

1.0.15 本收费标准不包括本总则 1.0.1 以外的其他服务收费。其他服务收费，国家有收费规定的，按照规定执行；国家没有收费规定的，由发包人与勘察人协商确定。

2　工程测量

2.1　技术工作

工程测量技术工作费收费比例为 22%。

2.2　地面测量

地面测量复杂程度表　　　　　　　　　　表 2.2－1

类别		简　　单	中　　等	复　　杂
一般地区	地形	起伏小或比高≤20m 的平原	起伏大但有规律，或比高≤80m 的丘陵地	起伏变化很大或比高 > 80m 的山地
	通视	良好，隐蔽地区面积≤20%	一般，隐蔽地区面积≤40%	困难，隐蔽地区面积≤60%
	通行	较好，植物低矮，比高较小的梯田地区	一般，植物较高，比高较大的梯田，容易通过的沼泽或稻田地区	困难，密集的树林或荆棘灌木丛林、竹林，难以通行的水网、稻田、沼泽、沙漠地，岭谷险峻、地形切割剧烈、攀登艰难的山区
	地物	稀少	较少	较多
建筑群区		有一般地区特征，细部坐标点每格≤5；建筑物占图面积≤30%	有一般地区特征，细部坐标点每格≤8；建筑物占图面积≤50%	有一般地区特征，细部坐标点每格 > 8；建筑物占图面积 > 50%

地面测量实物工作收费基价表　　　　　　表 2.2－2

序号	项　目			计费单位	收费基价（元）		
					简单	中等	复杂
1	控制测量	三角（边）	二等	点	4263	4842	6232
			三等		3136	3565	4584
			四等		2737	3112	4006
			一级		1096	1244	1602
			二级		728	829	1069
		导线	三等	km	2818	3203	4122
			四等		2186	2484	3196
			一级		1552	1764	2269
			二级		1086	1234	1589
			三级		759	863	1112
			图根点	点	89	101	131
		水准	二等	km	877	997	1283
			三等		438	500	643
			四等		220	250	323
			五等		167	188	242
			图根		111	124	162
		GPS 测量	C 级	点	3727	4274	5500
			D 级		3198	3632	4671
			E 级		2821	3203	4123
2	地形测量	一般地区	比例尺	1:200	km²	76780	102374	163795
				1:500		33383	44510	71216
				1:1000		15174	20232	32374
				1:2000		6676	8901	14244
				1:5000		1975	2630	4210
				1:10000		1109	1478	2364
		建筑群区			1:200 比例尺的附加调整系数为 1.8，其余比例尺的附加调整系数为 2.0		
3	断面测量	水平比例尺	1:200	km	1016	1354	1864
			1:500		785	1047	1440
			1:1000		607	809	1113
			1:2000		468	625	860
			1:5000		362	481	665
4	架空索道测量				2698	3372	5733

地面测量实物工作收费附加调整系数表　　　　表 2.2 - 3

序号	项　　目	附加调整系数	备　　注
1	二、三、四等三角（边）不造标	0.6	
2	连接原有三角点	0.5	
3	房顶标志、墙上水准	0.5	
4	三角高程	1.2	
5	GPS 测量 C 级、D 级、E 级不造标	0.6	
6	建立施工方格网的导线点	0.6	收费基价为
7	检验施工方格网导线点的稳定性	0.48	表 2.2 - 2 四等三角点
8	航测、陆测地形图	0.7	
9	汇水面积测量	0.4	
10	带状地形测量（图面宽度 <20cm）	1.3	
11	地形图修测	1.1	以实际修测面积计算
12	覆盖或隐蔽程度 >60%	1.2 ~ 1.5	
13	绘制 1:200 大样图	1.6	
14	数字化测绘	1.5	

2.3　水域测量

水域测量复杂程度表　　　　表 2.3 - 1

类别	简　单	中　等	复　杂
测线	测线长 ≤ 300m 或断面间距在图上 >3cm	测线长 ≤700m 或断面间距在图上 >2cm	测线长 >700m 或断面间距在图上 ≤2cm
水域	水深 ≤5m，无摸浅工作	水深 ≤15m，或浅滩、礁石较多，有摸浅工作	水深 >15m 或在河泊封冻期作业，浅滩、礁石很多，摸浅工作多
通视	岸边开阔，通视良好	岸边建筑物、堆积物较少，有低于 1.5m 的围墙及防汛堤，有部分防护林带	岸边建筑物、堆积物较多，有高于 1.5m 的围墙及防汛堤，有较密集的防护林带
障碍	来往船只较少	来往船只较多或测区内有停留的船、竹排、木排	来往船只频繁或测区内停泊的船、竹排、木排较多

水域测量实物工作收费基价表 表 2.3-2

序号	项 目		计费单位	收费基价（元）		
				简单	中等	复杂
1	湖、江、河、塘、沼泽地、积水区	比例尺 1:200	km²	204748	272301	382875
		1:500		89020	118396	166468
		1:1000		40464	53817	75680
		1:2000		17803	23680	33294
		1:5000		5260	7002	9838
		1:10000		2955	3924	5530
2	滨海区		以本表序号 1 为收费基价，附加调整系数为 1.5			
3	河道断面	1:200	km	3245	4316	6474
		1:500		2636	3506	5261
		1:1000		2023	2698	4046
		1:2000		1559	2075	3112
		1:5000		1268	1686	2529

2.4 地下管线测量

地下管线测量复杂程度表 表 2.4-1

类别	简 单	中 等	复 杂
地形	平坦	起伏不大	高差大
障碍	建筑物密度小	建筑物密度中等	建筑物密度大
种类	1~3 种	4~5 种	>5 种
定位点	每 km 平均≤10 点	每 km 平均≤20 点	每 km 平均>20 点

地下管线测量实物工作收费基价表 表 2.4-2

序号	项 目	计费单位	收费基价（元）		
			简单	中等	复杂
1	地下电缆	km	1206	1446	1880
2	工业管道		1416	1700	2337
3	上下水及暖气管道		1624	1948	2599

2.5 洞室测量

洞室测量复杂程度表 　　表 2.5 – 1

简　　单	中　　等	复　　杂
有充分照明	有部分照明	没有照明
洞室的净空高≥2.0m	洞室的净空高≥1.8m	洞室的净空高＜1.8m
洞室导线平均边长≥15m	洞室导线平均边长≥11m	洞室导线平均边长＜11m

洞室测量实物工作收费基价表 　　表 2.5 – 2

项　　目	计费单位	收费基价（元）		
		简单	中等	复杂
洞室测量	km	2698	4384	6744

2.6 其他测量

其他测量实物工作收费基价表 　　表 2.6 – 1

序号	项　　目				计费单位	收费基价（元）		
						简单	中等	复杂
1	地形图数字化	一般地区	比例尺	1：500	标准图幅（0.25m²）	459	689	1102
				1：1000		756	1099	1732
				1：2000		1049	1509	2362
				1：5000		1966	2739	4215
				1：10000		2882	3969	6066
		建筑群区附加调整系数为 2.0						
2	地形图缩放	缩图	一般地区 比例尺	1：2	缩放后100cm²	24	34	56
				2：5		28	40	72
			建筑群区			附加调整系数为 1.5		
		放图	比例尺	1：2		14	20	36
				2：5		18	24	41
3	近景摄影测量	外业摄影			组日	1000		
		内业绘测近景立体图，按照外业摄影费等值计算收费						
4	小型工程测量	小面积测量、配合其他工程测量			组日	＜3 组日时，按 3 组日计算收费		
5	定点测量	各种勘探点				1000		

3　岩土工程勘察

3.1　技术工作

岩土工程勘察技术工作费收费比例表　表 3.1－1

岩土工程勘察等级	技术工作费收费比例（％）
甲级	120
乙级	100
丙级	80

注：1. 岩土工程勘察等级见国标《岩土工程勘察规范》；
　　2. 利用已有勘察资料提出勘察报告的只收取技术工作费，技术工作费的计费基数为所利用勘察资料的实物工作收费额。

3.2　工程地质测绘

工程地质测绘复杂程度表　表 3.2－1

类　别	简　单	中　等	复　杂
地质构造	岩层产状水平或倾斜很缓	有显著的褶皱、断层	有复杂的褶皱、断层
岩层特征	简单，露头良好	变化不稳定，露头中等，有较复杂地质现象	变化复杂，种类繁多，露头不良，有滑坡、岩溶等复杂地质现象
地形地貌	地形平坦，植被不发育，易于通行	地形起伏较大，河流、灌木较多，通行较困难	岭谷山地，林木密集，水网、稻田、沼泽，通行困难

工程地质测绘实物工作收费基价表 表 3.2－2

序号	项　　目		计费单位	收费基价（元）		
				简单	中等	复杂
1	工程地质测绘	成图比例 1:200	km²	16065	22950	34425
		1:500		8033	11475	17213
		1:1000		5355	7650	11475
		1:2000		3570	5100	7650
		1:5000		1071	1530	2295
		1:10000		536	765	1148
		1:25000		268	383	574
		1:50000		134	191	287
2	带状工程地质测绘	附加调整系数为 1.3				
3	工程地质测绘与地质测绘同时进行	附加调整系数为 1.5				

3.3　岩土工程勘探与原位测试

岩土工程勘探与原位测试复杂程度表 表 3.3－1

岩土类别	Ⅰ	Ⅱ	Ⅲ	Ⅳ	Ⅴ	Ⅵ
松散地层	流塑、软塑、可塑粘性土，稍密、中密粉土，含硬杂质≤10%的填土	硬塑、坚硬粘性土，密实粉土，含硬杂质≤25%的填土，湿陷性土，红粘土，膨胀土，盐渍土，残积土，污染土	砂土，砾石，混合土，多年冻土，含硬杂质＞25%的填土	粒径≤50mm、含量＞50%的卵（碎）石层	粒径≤100mm、含量＞50%的卵（碎）石层，混凝土构件、面层	粒径＞100mm、含量＞50%的卵（碎）石层、漂（块）石层
岩石地层		极软岩	软岩	较软岩	较硬岩	坚硬岩

注：岩土的分类和鉴定见国标《岩土工程勘察规范》。

岩土工程勘探实物工作收费基价表　　表 3.3－2

序号	项目		计费单位	收费基价（元）					
	勘探项目	深度 $D(m)$/长度 $L(m)$		I	II	III	IV	V	VI
1	钻孔	$D \leqslant 10$	m	46	71	117	207	301	382
		$10 < D \leqslant 20$		58	89	147	259	377	477
		$20 < D \leqslant 30$		69	107	176	311	452	573
		$30 < D \leqslant 40$		82	127	209	368	536	680
		$40 < D \leqslant 50$		98	151	249	439	639	809
		$50 < D \leqslant 60$		109	168	277	489	711	901
		$60 < D \leqslant 80$		121	187	307	542	789	1000
		$80 < D \leqslant 100$		132	204	335	592	862	1092
		$D > 100$	每增加 20m，按前一档收费基价乘以 1.2 的附加调整系数						
2	井探	$D \leqslant 2$	m	50	63	78	125	200	250
		$2 < D \leqslant 5$		63	78	97	156	250	313
		$5 < D \leqslant 10$		78	97	120	194	310	388
		$10 < D \leqslant 20$		103	128	159	256	410	513
		$D > 20$	每增加 10m，按前一档收费基价乘以 1.3 的附加调整系数						
3	槽探	$D \leqslant 2$	m^3	40	52	72	92	120	148
		$D > 2$		58	75	104	133	174	215
4	洞探	$L \leqslant 50$	m	350	525	735	980	1173	1348
		$50 < L \leqslant 100$		368	551	772	1029	1231	1415
		$100 < L \leqslant 150$		385	578	809	1078	1290	1482
		$150 < L \leqslant 200$		403	604	845	1127	1348	1550
		$200 < L \leqslant 250$		420	630	882	1176	1407	1617
		$250 < L \leqslant 300$		438	656	919	1225	1466	1684
		$L > 300$	每增加 50m，按前一档收费基价乘以 1.1 的附加调整系数						
		标准断面为 $4m^2$，大于标准断面部分乘以 0.6 的附加调整系数，另行计算收费								

取土、水、石试样实物工作收费基价表 表3.3-3

序号	项目				计费单位	收费基价（元） 取样深度≤30m	收费基价（元） 取样深度>30m
1	取土	锤击法厚壁取土器	试样规格	$\Phi=80\sim100mm$ $L=150\sim200mm$	件	40	50
		静压法厚壁取土器		$\Phi=80\sim100mm$ $L=150\sim200mm$		65	95
		敞口或自由活塞薄壁取土器		$\Phi=75mm$ $L=800mm$		310	460
		水压固定活塞薄壁取土器		$\Phi=75mm$ $L=800mm$		420	620
		固定活塞薄壁取土器		$\Phi=75mm$ $L=800mm$		360	560
		束节式取土器		$\Phi=75mm$ $L=200mm$		150	240
		黄土取土器		$\Phi=120mm$ $L=150mm$		80	120
		回转型单动、双动三重管取土器		$\Phi=75mm$ $L=1250mm$		310	460
		探井取土				100	150
		扰动取土				15	
2	取石	取岩芯样				25	
		人工取样				200	
3	取水					40	

原位测试实物工作收费基价表 表3.3-4

序号	项目 测试项目	项目 测试深度 D（m）	计费单位	收费基价（元） Ⅰ	Ⅱ	Ⅲ	Ⅳ	Ⅴ	Ⅵ
1	标准贯入试验	$D\leq20$	次	80	108	144			
		$20<D\leq50$		120	162	216			
		$D>50$		144	194	259			

续表 3.3－4

序号	项 目		计费单位	收费基价（元）					
	测试项目	测试深度 D（m）		I	II	III	IV	V	VI
2	圆锥动力触探试验	轻型 $D \leqslant 10$	m	32	50	82			
		重型 $D \leqslant 10$		50	78	128	300	375	425
		重型 $10 < D \leqslant 20$		63	97	159	375	469	531
		重型 $20 < D \leqslant 30$		75	116	191	450	563	638
		重型 $30 < D \leqslant 40$		89	138	227	534	668	757
		重型 $40 < D \leqslant 50$		106	164	270	636	795	901
		超重型 $D \leqslant 10$					140	330	413	468
		超重型 $10 < D \leqslant 20$					175	413	516	584
		超重型 $20 < D \leqslant 30$					210	495	619	701
		超重型 $30 < D \leqslant 40$					249	587	734	832
		超重型 $40 < D \leqslant 50$					297	700	875	991
3	静力触探试验	单桥 $D \leqslant 10$		34	49	82			
		单桥 $10 < D \leqslant 20$		43	62	102			
		单桥 $20 < D \leqslant 30$		51	74	122			
		单桥 $30 < D \leqslant 40$		61	88	145			
		单桥 $40 < D \leqslant 50$		72	105	173			
		单桥 $50 < D \leqslant 60$		80	116	193			
		单桥 $60 < D \leqslant 80$		89	129	214			
		双桥	按单桥收费基价乘以 1.15 的附加调整系数						
		加测孔压	按单桥或双桥收费基价乘以 1.2 的附加调整系数						
4	扁铲侧胀试验	$D \leqslant 10$	点	66	99				
		$10 < D \leqslant 20$		83	124				
		$20 < D \leqslant 30$		99	149				
		$30 < D \leqslant 40$		116	173				
		$40 < D \leqslant 50$		132	198				
		$50 < D \leqslant 60$		158	238				
		$60 < D \leqslant 80$		198	297				
5	十字板剪切试验	$D \leqslant 10$		206					
		$10 < D \leqslant 20$		227					
		$20 < D \leqslant 30$		247					
		$D > 30$		309					

序号	项 目		计费单位	收费基价（元）	
6	旁压试验	方法 深度 D（m）	点	压力≤2500kPa	压力>2500kPa
		预钻式 D≤10		263	351
		预钻式 10<D≤20		342	456
		预钻式 D>20		444	593
		自钻式 D≤10		342	456
		自钻式 10<D≤20		444	593
		自钻式 D>20		577	771
7	载荷试验	螺旋板	试验点	1890	2080
		浅、深层平板面积0.1~1（m²） 加荷最大值（kN）		水位以上	水位以下
		≤100		2790	3060
		200		3690	4060
		300		4590	5050
		400		5490	6040
		500		6400	7040
		>500		见表 4.2 - 1 中序号 1	
		试坑开挖、加荷体吊装运输费另计			

序号	项 目		计费单位	收费基价（元）			
8	土体现场直剪试验	试验面积（m²）	组	压应力≤500kPa		压应力>500kPa	
				水位以上	水位以下	水位以上	水位以下
		0.10		2775	3330	3330	3996
		0.25		3965	4758	4758	5710
		0.50		5156	6188	6188	7425

序号	项 目		计费单位	收费基价（元）	
9	岩体变形试验	承压板法 法向荷重（kN）	试验点	软岩	硬岩
		≤500		6786	7488
		1000		7424	8237
		>1000 每增加 500		按前一档收费基价乘以 1.1 的附加调整系数	
		钻孔变形法		3978	4563

续表 3.3－4

序号	项 目		计费单位	收费基价（元）	
10	岩体强度试验	岩体结构面直剪	试验点	9945	11412
		岩体直剪		8775	9891
		混凝土与岩体直剪		7020	7605
11	岩体原位应力测试	方法	孔	原位应力测试	三轴交汇测应力
		孔径变形法/孔底应变法		29250	58500
		孔壁应变法		35100	
12	压水、注水试验	压水 试验深度 D（m） $D \leqslant 20$	段次	1753	
		压水 试验深度 D（m） $D > 20$		2104	
		注水 钻孔注水		409	
		注水 探井注水		205	

岩土工程勘探与原位测试实物工作收费附加调整系数表 表 3.3－5

序号	项 目				附加调整系数	备 注
1	钻孔	跟管钻进、泥浆护壁、基岩无水干钻钻探、基岩破碎带钻进取芯			1.5	
2	钻孔	水平孔、斜孔钻探			2.0	
3	钻孔	坑道内作业			1.3	
4	勘探、取样、原位测试	线路上作业			1.3	
5	钻孔、取样、原位测试	水上作业	滨海		3.0	包括工程物探
			湖、江、河	水深 D（m） $D \leqslant 10$	2.0	
				$10 < D \leqslant 20$	2.5	
				$D > 20$	3.0	
			塘、沼泽地		1.5	
			积水区（含水稻田）		1.2	

序号	项　目		附加调整系数	备　注
6	钻孔、取样原位测试	夜间作业	1.2	原位测试仅限于表 3.3－4 中序号 1～6
7	勘探、取样、原位测试	岩溶、洞穴、泥石流、滑坡、沙漠、山前洪积裙等复杂场地	1.1～1.3	
8	原位测试、工程物探的勘探费用另计			
9	小型岩土工程勘探＜3 个台班，按 3 个台班计算收费			

4 岩土工程设计与检测监测

4.1 岩土工程设计

4.1.1 岩土工程设计服务内容

根据工程性质和技术要求，现场踏勘，收集分析已有资料，调查周边建筑物及地下管线情况；编制岩土设计文件，绘制施工图，提出试验、检测和监测方案；配合施工，解决施工中的设计问题。

4.1.2 岩土工程设计收费

岩土工程设计复杂程度表　　　　　　　　　　表 4.1－1

类别	I 级	II 级	III 级
地基处理	对地基基础变形无严格要求的建筑物，工程地质条件简单，地下水条件简单，对施工影响轻微	对地基基础变形有一定要求的建筑物，工程地质条件较复杂，地下水条件较复杂，对施工影响较严重	对地基基础变形有严格要求的建筑物，工程地质条件复杂，地下水条件复杂，对施工影响严重
基坑支护	基坑深度 $H \leqslant 6.0m$，破坏后果不严重，工程地质条件简单，地下水条件简单，对施工影响轻微	基坑深度 $6.0m < H \leqslant 12.0m$，破坏后果严重，工程地质条件较复杂，地下水条件较复杂，对施工影响较严重	基坑深度 $H > 12.0m$，破坏后果很严重，工程地质条件复杂，地下水条件复杂，对施工影响严重
施工降水	外墙轴线内包面积 $F \leqslant 1000m^2$，单层地下水，渗透系数 $0.5 m/d < K \leqslant 20m/d$，降水深度 $S_\triangle \leqslant 7.0m$，对工程环境的影响无严格要求，辅助工程措施简单	外墙轴线内包面积 F $1000m^2 < F \leqslant 2000m^2$，双层地下水，渗透系数 $0.5m/d < K \leqslant 50m/d$，降水深度 $7.0 m < S_\triangle \leqslant 13.0m$，对工程环境的影响有一定要求，辅助工程措施较复杂	外墙轴线内包面积 $F > 2000m^2$，多层地下水，渗透系数 $K \leqslant 0.5m/d$ 或 $K > 50m/d$，降水深度 $S_\triangle > 13.0m$，对工程环境的影响有严格要求，辅助工程措施复杂

岩土工程设计收费基价表　　　　　　表 4.1－2

收费基价（万元）　　岩土工程概算额（万元）　　复杂程度	10	50	100	500	1000	2000
Ⅰ级	0.64	2.8	5.4	23	43	78
Ⅱ级	0.75	3.3	6.3	27	50	92
Ⅲ级	0.86	3.8	7.2	31	58	106

注：1. 该表采用插入法计算；

2. 岩土工程设计收费不足 0.5 万元，按照 0.5 万元计算收费；

3. 岩土工程概算额 >2000 万元时，Ⅰ级按照费率 3.5%、Ⅱ级按照费率 4.5%、Ⅲ级按照费率 5.0% 计算收费；

4. 岩土工程设计收费基价是完成 4.1.1 岩土工程设计服务内容的价格。

4.2　岩土工程检测监测

4.2.1　岩土工程检测监测技术工作

岩土工程检测监测技术工作费收费比例为 22%。

4.2.2　岩土工程检测监测实物工作

岩土工程检测实物工作收费基价表　　　　　　表 4.2－1

序号	项　　目			计费单位	收费基价（元）
1	桩及复合地基静载荷试验	垂直静载试验（锚桩抗拔试验）加荷最大值（kN）	≤500	试验点	6400
			1000		10000
			3000		15000
			5000		25000
			10000		40000
			15000		55000
			20000		70000
			>20000，每增加 5000		按前一档收费基价乘以 1.25 的附加调整系数
		水平静载试验桩径 Φ（mm）	$\Phi \leq 500$		5000
			$500 < \Phi \leq 800$		7000
			$800 < \Phi \leq 1000$		9000
			$\Phi > 1000$		12000
		试坑开挖、桩头处理、加荷体吊装运输、锚桩及焊接费另计			

续表 4.2－1

序号	项 目				计费单位	收费基价（元）
2	基桩动力检测		低应变检测		根	500
		高应变检测	单桩极限承载力（kN）	≤1000		3500
				3000		4500
				5000		6000
				10000		9000
			>10000，每增加 5000			按前一档收费基价乘以1.25 的附加调整系数
		试坑开挖、桩头处理、重锤吊装及运输费另计				
3	钻孔桩成孔检测	孔径孔斜沉渣	检测深度 D(m)	$D \leqslant 30$	孔	1200
				$30 < D \leqslant 40$		1500
				$40 < D \leqslant 50$		1800
				$50 < D \leqslant 60$		2200
				$D > 60$		2600
4	混凝土非破损检测	检测方法	回弹仪法		测区	60
			超声回弹综合法			100
			超声波测缺		m²	1000
			埋管法超声波检测	剖面深度 D(m)	$D \leqslant 30$	剖面	500
					$D > 30$ 每增加 10		按前一档收费基价乘以1.1 的附加调整系数

岩土工程监测复杂程度表　　　　表 4.2－2

等级	简 单	复 杂
特征	地形平坦，通行通视良好，流动障碍较少，施工干扰较少，施测难度较小	地形复杂，通行通视条件差，流动障碍较多，施工干扰较多，施测难度较大

岩土工程监测实物工作收费基价表　　　　　　　　表 4.2 − 3

序号	项　目			计费单位	收费基价（元）			
					简单		复杂	
			监测方法		单测	复测	单测	复测
1	监测基准网	水平位移	一等	点	3272	2618	4593	3674
			二等		2181	1745	3062	2450
			三等		1606	1285	2253	1802
			四等		1402	1122	1968	1574
		平均边长：一、二等＜150m，三等＜200m 的，降低一等计算收费						
		垂直位移	一等	km	1459	1167	1980	1584
			二等		1216	973	1650	1320
			三等		1029	823	1386	1109
			四等		538	430	802	642
		不足 1km 按 1km 计算收费						
			监测方法		单向	双向	单向	双向
2	变形监测	水平位移	一等	点·次	91	163	135	243
			二等		74	134	112	201
			三等		62	112	93	167
			四等		53	95	78	140
		垂直位移	一等		59		91	
			二等		50		74	
			三等		42		62	
			四等		35		53	
3	土体回弹、分层沉降监测	观测点深度 D（m）	$D \leqslant 20$		1000		1500	
			$D > 20$		1200		1800	
4	建筑物倾斜监测	建筑物高度 H（m）	$H \leqslant 30$		610		920	
			$H > 30$		740		1100	
5	建筑物裂缝监测			条·次	23			

续表4.2－3

序号	项 目			计费单位	收费基价（元）	
					简单	复杂
6	深层侧向位移监测	监测方法			单向	双向
		孔深 D（m）	D≤20	米·次	13	23
			20<D≤40		16	29
			40<D≤60		19	34
			D>60		23	41
7	应力应变监测	一测点传感器个数	≤4	点·次	116	
			每增加一个传感器递增		29	
		传感器费用另计				
8	孔隙水压力试验	一测点传感器个数	≤6	点·次	174	
			每增加一个传感器递增		29	
		传感器费用另计				

5 水文地质勘察

5.1 技术工作

水文地质勘察技术工作费收费比例表　　　表 5.1 – 1

序号	项目	技术工作费收费比例（％）		
		简　　单	中　　等	复　　杂
1	供水井凿井	15	18	20
2	其他水文地质勘察	27	30	33

注：1. 表 5.1 – 1、5.2 – 1、5.3 – 1 中复杂程度分类见国标《供水水文地质勘察规范》；

　　2. 利用已有勘察资料提出勘察报告的只收取技术工作费，技术工作费的计费基数为所利用勘察资料的实物工作收费额。

5.2 水文地质测绘

水文地质测绘实物工作收费基价表　　　表 5.2 – 1

序号	项　　目			计费单位	收费基价（元）		
					简单	中等	复杂
1	水文地质测绘	成图比例尺	1:5000	km²	1257	1796	2694
			1:10000		629	898	1347
			1:25000		314	449	673
			1:50000		157	225	337
2	水文地质调查、遥感判释现场调查测绘		1:5000		377	539	808
			1:10000		189	269	404
			1:25000		94	135	202
			1:50000		47	68	101
3	水文地质测绘与地质测绘同时进行时，附加调整系数为 1.5						

5.3 模拟计算、遥感判释

模拟计算实物工作收费基价表　　　　　表 5.3 − 1

序号	项　目		计费单位	收费基价（元）		
				简单	中等	复杂
1	电网络模拟计算		km²	760	1080	1400
2	数值模拟计算	二维流水量模型		608	864	1120
		二维流水质模型		730	1037	1344
		三维流水量模型		1094	1555	2016
		三维流水质模型		1216	1728	2240
		水资源管理与规划模型		912	1296	1680

遥感判释实物工作收费基价表　　　　　表 5.3 − 2

项　目		计费单位	收费基价（元）			备　注
			简单	中等	复杂	
航卫片判释	成图比例尺 1：5000	像对	768	960	1152	复杂程度分类见表 2.2 − 1
	1：10000		640	800	960	
	1：25000		512	640	768	
	1：50000		384	480	576	
	1：100000		320	400	480	
	1：250000		256	320	384	
	1：500000		192	240	288	

5.4 水文地质钻探

水文地质钻探实物工作收费基价按所钻探地层分层计算，计算公式如下：

水文地质钻探实物工作收费基价 = 130（元/米）× 自然进尺（米）× 岩土类别系数 × 孔深系数 × 孔径系数

水文地质钻探复杂程度表 表 5.4－1

岩土类别	I	II	III	IV	V	VI	VII
松散地层	粒径≤0.5mm 含量≥50%、含圆砾(角砾)及硬杂质≤10%的各类砂土、粘性土	粒径≤2.0mm 含量≥50%、含圆砾(角砾)及硬杂质≤20%的各类砂土	粒径≤20mm 含量≥50%、含圆砾(角砾)及硬杂质≤30%的各类碎石土	冻土层，粒径≤50mm 含量≥50%、含圆砾(角砾)及硬杂质≤50%的各类碎石土	粒径≤100mm 含量≥50%的各类碎石土	粒径≤200mm 含量≥50%的各类碎石土	粒径>200mm 含量≥50%的各类碎石土
岩石地层	极软岩	软岩	较软岩	较硬岩	坚硬岩		

注：土的分类见国标《供水水文地质勘察规范》，岩石的分类和鉴定见国标《岩土工程勘察规范》。

水文地质钻探岩土类别系数表 表 5.4－2

类　　别	I	II	III	IV	V	VI	VII
松散地层	1.0	1.5	2.0	2.5	3.0	3.6	4.8
岩石地层	1.8	2.6	3.4	4.2	5.0		
岩石破碎带钻进取芯时，附加调整系数为 1.5							

水文地质钻探孔深孔径系数表 表 5.4－3

	项　　目	孔深系数
钻孔深度 D (m)	$D \leqslant 50$	1.2
	$50 < D \leqslant 100$	1.0
	$100 < D \leqslant 150$	1.2
	$150 < D \leqslant 200$	1.4
	$200 < D \leqslant 250$	1.7
	$250 < D \leqslant 300$	2.0
	$300 < D \leqslant 350$	2.4
	$350 < D \leqslant 400$	2.9
	$400 < D \leqslant 450$	3.4
	$450 < D \leqslant 500$	3.9
	$D > 500$	协商确定

续表 5.4 - 3

松散地层	岩石地层	孔径系数
$\Phi \leqslant 350$	$\Phi \leqslant 150$	0.9
$350 < \Phi \leqslant 400$	$150 < \Phi \leqslant 200$	1.0
$400 < \Phi \leqslant 450$	$200 < \Phi \leqslant 250$	1.1
$450 < \Phi \leqslant 500$	$250 < \Phi \leqslant 300$	1.3
$500 < \Phi \leqslant 550$	$300 < \Phi \leqslant 350$	1.4
$550 < \Phi \leqslant 600$	$350 < \Phi \leqslant 400$	1.6
$600 < \Phi \leqslant 650$	$400 < \Phi \leqslant 450$	1.8
$650 < \Phi \leqslant 700$	$450 < \Phi \leqslant 500$	2.0
$700 < \Phi \leqslant 750$	$500 < \Phi \leqslant 550$	2.3
$750 < \Phi \leqslant 800$	$550 < \Phi \leqslant 600$	2.6
$800 < \Phi \leqslant 850$	$600 < \Phi \leqslant 650$	3.1
$850 < \Phi \leqslant 900$	$650 < \Phi \leqslant 700$	3.9
$\Phi > 900$	$\Phi > 700$	协商确定

（钻探孔径 Φ（mm））

5.5 现场测试与取样

现场测试与取样实物工作收费基价表 表 5.5 - 1

序号	项 目			计费单位	收费基价（元）
1	抽水试验			台班	840
2	放射性同位素测试	单井稀释法		台班	510
		多井法			840
		放射性同位素测试原料的购置费、运输费另计			
3	弥散试验	单井法		台班	840
		多井法			1180
		示踪剂的化学分析费另计			
4	渗水试验	自然方式		台班	340
5	测流速流量	井内测试			340
6	连通试验	井内测试			420
7	地下水位(温)观测	试验观测孔		次	170
		动态观测距离 L（km）	$L \leqslant 5$		20
			$5 < L \leqslant 10$		40
			$L > 10$		50
		地下水位、水温同时观测时，附加调整系数为 1.3			
8	取试样	取土、石、水试样收费基价见表 3.3 - 3			

5.6 洗井、固井与旧井处理

洗井与固井实物工作收费基价表

表 5.6－1

序号	项 目			计费单位	收费基价（元）
1	洗井	机械洗井		台班	840
		压酸洗井	$D \leq 300$	次	6800
			$300 < D \leq 1000$		10200
			$1000 < D \leq 2000$		13600
			$D > 2000$		20400
		二氧化碳洗井	$D \leq 300$		3400
			$D > 300$		5100
		钢丝刷洗井 井深 D（m）	$D \leq 100$	m	30
			$100 < D \leq 200$		40
			$D > 200$		50
2	固井		$D \leq 200$	次	20000
			$200 < D \leq 1000$		30000
			$1000 < D \leq 1500$		40000
			$D > 1500$		50000

旧井处理实物工作收费基价表

表 5.6－2

序号	项 目			计费单位	收费基价（元）
1	旧井处理	清淤洗井		台班	840
		过滤器损坏的修复		次	8000
		换泵			2000
		井管破坏的修复			4500
2	旧井回填	井深 D（m）	$D \leq 50$	井	5000
			$50 < D \leq 100$		10000
			$D > 100$		15000
3	旧井处理与回填方案设计费另计				

6 工程水文气象勘察

6.1 技术工作

工程水文气象勘察技术工作费收费比例为22%。

6.2 工程水文勘察

工程水文复杂程度表　　　　　　　　　表 6.2-1

类别	简　　单	中　　等	复　　杂
基础资料	齐全	积累年限少	短缺
水文情势	变化平缓	变化较大	变化复杂
项目精度	要求一般	要求较高	要求高
径流影响	人类活动对径流影响较小	人类活动对径流影响较大	人类活动对径流影响很大

工程水文实物工作收费基价表　　　　　　　　表 6.2-2

序号	项目		计费单位	收费基价（元）		
				简单	中等	复杂
1	设计洪水	河流设计洪水	设计断面	54600	78100	109300
		小流域暴雨洪水		6900	9900	13900
		水库、湖泊设计洪水	工程点	29100	41700	58400
		平原地区设计洪涝		32800	46900	65600
		施工洪水		9100	13000	18300
		溃坝、溃堤洪水		16400	23400	32900
		滨海、河口设计洪水		102100	145800	204100
2	供水水源	河流水源	取水断面	47400	67700	94800
		滨海、河口水源	工程点	91200	130200	182300
		水库、湖泊水源		47400	67700	94800

序号	项目		计费单位	收费基价（元）		
				简单	中等	复杂
3	工程泥沙	河床演变	工程点	51000	72900	102100
		滨海、河口、岸滩演变		76500	109500	153200
		河床自然冲刷、基础局部冲刷		12400	17800	24800
4	其他水文	设计波浪		21900	31300	43800
		滨海、河口设计波浪		32900	47000	65600
		设计水温、河流冰情、设计泥沙特征值		3300	4900	6800
		波浪玫瑰图		2700	3900	5400

6.3 工程气象勘察

工程气象复杂程度表　　　　　表 6.3－1

类别	简　　单	中　　等	复　　杂
基础资料	年限 >30 年，站址代表性较好	年限 >30 年，站址代表性较差	年限 <30 年，站址代表性差
气象条件	变化较小	变化较大	变化大
天气情况	灾害性天气偶有发生	灾害性天气发生较频繁	灾害性天气发生频繁
技术要求	一般	较复杂	复杂

工程气象实物工作收费基价表　　　　　表 6.3－2

序号	项目	计费单位	收费基价（元）		
			简单	中等	复杂
1	常用气象项目	工程点	5600	8000	11300
2	设计风速		5500	7800	11000
3	冷却塔气象参数		3300	4900	6800
4	空气冷却气象参数		5000	7300	10200
5	风向风速玫瑰图		1800	2600	3600
6	设计暴雨强度		5500	7800	11000

7 工程物探

7.1 技术工作费

工程物探技术工作费收费比例为 22%。

7.2 工程物探

工程物探实物工作收费基价表

表 7.2－1

序号	项	目				计费单位	收费基价（元）				
1	浅层地震	反射或折射法	敲击			检波点·炮	18				
			爆炸	陆地			25				
				水面布点	顺流		45				
					横穿		220				
				水底布点	顺流		130				
					横穿		260				
		定位费、爆炸震源费等另计									
2	地质地震映像	点测				点	18				
		连续				km	14400				
		水上					21600				
3	面波勘探	探测深度 D（m）	$D \leqslant 10$			点	1800				
			$10 < D \leqslant 20$				2520				
			$20 < D \leqslant 30$				3240				
			$30 < D \leqslant 50$				4320				
			$D > 50$				5760				
4	电法勘探	电极距 L（m）（AB/2）				点	电测深	中间梯度	四极	联剖	偶极
		$L \leqslant 100$					260	15	30	50	35
		$100 < L \leqslant 200$					330	20	40	55	40
		$200 < L \leqslant 400$					500	25	50	60	50
		$400 < L \leqslant 600$					760	30	60	80	70
		$600 < L \leqslant 800$					950	35			
		$L > 800$					1200	40			
		测点距 L（m）					自电、梯度单独测量		自电、梯度同时测量		
		$L \leqslant 5$					15		25		

续表 7.2－1

序号	项目		计费单位	收费基价（元）		
4	电法勘探	$5 < L \leq 10$	点	20		30
		$10 < L \leq 20$		30		40
		$L \leq 30$		40		50
		高密度电法按地面电法相应装置基价乘以 0.8 的附加调整系数				
		激发极化法按地面电法相应基价乘以 2.4 的附加调整系数				
		充电法按自电相应基价乘以 1.2 的附加调整系数				
5	磁法勘探	测点距 L（m）		Ⅰ级精度	Ⅱ级精度	Ⅲ级精度
		$L \leq 10$	点	6	4	3
		$10 < L \leq 20$		8	6	5
		$20 < L \leq 50$		9	8	6
		$L > 50$		14	12	10
6	声频大地、甚低频电磁法	按磁法Ⅰ级精度基价乘以 2.0 的附加调整系数，不足 3 个组日按 3 个组日计				
7	大地电磁法	深度 D（m）	$D \leq 3000$	点	2160	
			$D > 3000$		3600	
8	核磁共振找水	深度 D（m）	$D \leq 100$	点	4320	
			$D > 100$		5760	
		在测点 200m 范围内如增加测点，增加测点费用的附加调整系数为 0.5				
9	层析成像（CT）	弹性波	检波点·炮	20		
		电磁波	射线对	14		
10	地质雷达	工作方式		工程勘探	路面质量	
		点测	点	20	20	
		连续	km	13500	6300	
		探测深度 >10m，附加调整系数为 1.3；不足 4 个组日按 4 个组日计				
11	瞬变电磁	外框边长（m）	10	测点	216	
			20		360	
			50		720	
			100		2160	
			200		3600	
12	微重力勘探	点距 L（m）	$L \leq 5$		27	
			$5 < L \leq 20$		36	
			$20 < L \leq 50$		54	
		不足 4 个组日按 4 个组日计				

序号	项　　目			计费单位	收费基价（元）		
13	地下管线探测	管线种类			简单	中等	复杂
		电缆（电力、通讯等）		km	1800	3600	6300
		金属管道			2250	4500	7200
		非金属管道			2700	5400	9000
		下水道（有窨井）			1350	2700	5400
		盲探管线		m²	1.0	1.5	3.0
	困难类别见表 2.4－1；不足 3 个组日按 3 个组日计算收费；测量费用、软件平台与建库费用另计						
14	地下管线泄漏探测	漏水点探测		km	3600		
		输油、输气管漏点			4500		
		供电、通讯电缆泄漏点			3600		
		防腐层完整性			3600		
	不足 3 个组日按 3 个组日计						
15	地基刚度	垂直向自由振动		参数·次	1440		
		水平向自由振动			2160		
		垂直向强迫振动			3600		
		水平回转向强迫振动			4500		
		扭转向强迫振动			6300		
	试坑开挖、模拟基础制作等费用另计						
16	测井	电测井		m	23		
		水文测井			27		
		孔内电视			45		
		孔内摄影		点	41		
		测井斜			108		
		井壁取芯			108		
		井温、井径测量	深度 D（m）	$D \leqslant 100$	m	14		
				$100 < D \leqslant 300$		27		
				$300 < D \leqslant 500$		32		
				$D > 500$		45		

续表 7.2－1

序号	项　目			计费单位	收费基价（元）	
17	钻孔波速测试	深度 D（m）			单孔法	跨孔法
		$D \leqslant 15$		m	135	189
		$15 < D \leqslant 30$			162	243
		$30 < D \leqslant 50$			216	297
		测试深度 >50m，每增加 20m，按前一档收费基价乘以 1.3 的附加调整系数；不足 2 个组日按 2 个组日计算收费				
18	场地微振动（常时微动）	频率域	地面	点	4500	
			孔深 D（m）	$D \leqslant 20$	5400	
				$20 < D \leqslant 50$	6300	
				$D > 50$	9000	
		频域与幅值域	地面		7200	
			孔深 D（m）	$D \leqslant 20$	8100	
				$20 < D \leqslant 50$	9900	
				$D > 50$	14400	
		地面与孔中同时观测，附加调整系数为 1.3				

注：除管线探测以外，其他物探方法在地形、障碍、干扰条件复杂的，附加调整系数为 1.2～3.0。

8 室内试验

8.1 技术工作费

室内试验技术工作费收费比例为 **10%**。

8.2 土工试验

土工试验实物工作收费基价表　　　表 8.2－1

序号	试验项目		计费单位	收费基价（元）	备　　注
1	含水率		项	8	
2	密度	环刀法		8	
		蜡封法		18	
3	比重			19	
4	颗粒分析	筛析法（砂、砾）		26	
		筛析法（含粘性土）		40	
		筛析法（碎石类土）		70	现场试验
		密度计法		49	粘性土分析粒径 <0.002mm 的，增加 12 元
		移液管法		47	
5	液限	碟式仪法		23	
		圆锥仪法		15	
6	塑限			30	
7	湿化			23	
8	毛细水上升高度			14	
9	砂的相对密度			52	
10	击实	轻型击实法		319	
		重型击实法		638	
11	渗透			55	粘土类、粉土类
				29	砂土类

续表 8.2 - 1

序号	试验项目		计费单位	收费基价（元）	备　注
12	标准固结	快速法	项	264	测回弹指数附加调整系数为 1.3
		慢速法		497	
13	压缩	快速法		40	以四级荷重为基数，每增加一级荷重，快速法增加 12 元，慢速法增加 15 元
		慢速法		116	
14	黄土湿陷系数			53	
15	黄土自重湿陷系数			23	
16	黄土自重起始压力	单线法		137	5 个环刀试样
		双线法		56	2 个环刀试样
17	三轴压缩（低压 ≤600kPa）	不固结不排水	组	413	
		固结不排水		775	
		固结不排水测孔压		930	
		固结排水		1240	
18	无侧限抗压强度	应变法	项	29	重塑土试验增加制备费 17 元
		测灵敏度		56	
19	直接剪切	快剪	组	49	重塑土试验增加制备费每组 30 元
		固结快剪		71	
		固结慢剪		99	
20	反复直剪强度		项	133	
21	自由膨胀率			14	
22	膨胀率			27	
23	膨胀力			36	
24	收缩	线缩、体缩、缩限		56	
25	静止侧压力系数			258	
26	有机质	铬酸钾容量法		30	
27	振动三轴（低压 ≤600kPa）	动强度（包括液化）（一）	组	4341	一种固结比
		动强度（包括液化）（二）		9096	三种固结比
		动模量阻尼比（一）		1447	一种固结比，一个重度
		动模量阻尼比（二）		3514	三种固结比

8.3 水质分析

水质分析实物工作收费基价表　　　　表 8.3－1

序号	试验项目		计费单位	收费基价（元）
1	水质简分析		件	220
2	一般水质全分析			380
3	特殊水质分析	锰	项	14
		铜		36
		铅		36
		锌		36
		镉		56
		汞		56
		砷		56
		氟		47
		酚		70
		硒		52
		氰化物		47
		碘化物		41
		电导度		15

8.4 岩石试验

岩样加工实物工作收费基价表　　　　表 8.4－1

序号	试验项目		计费单位	收费基价（元）
1	机切磨规格（mm）	Φ50～70 岩芯	块	19
		50×50×50		35
		50×50×100		38
		70×70×70		43
		100×100×100		69
2	不能机切手工切磨（mm）	50×50×50		38
3	机开料（mm）	50～200		16
4	机磨	每两面		14
5	薄片切磨	不煮胶	片	27
		煮胶		59

岩石物理力学试验实物工作收费基价表　　表 8.4 – 2

序号	试验项目		计费单位	收费基价（元）	备　注
1	含水率		项	14	
2	颗粒密度	比重瓶法	组	47	
3	块体密度	水中称量法	块	14	
		量积法		14	
		蜡封法		18	
4	吸水率		组	47	
5	饱和吸水率			117	
6	单轴抗压强度	天然		47	每组 3 块
		饱和		70	
7	单轴压缩变形	干		185	
		饱和		233	
8	三轴压缩强度			760	每组 5 块
9	抗拉强度			93	每组 3 块
10	直剪	岩块、岩石与混凝		269	每组 5 块
		结构面		289	
11	点荷载强度		块	26	
12	冻融	直接	组	2455	冻融 25 次，每组 3 块
13	薄片鉴定		件	52	

岩石化学分析实物工作收费基价表　　表 8.4 – 3

序号	试验项目		计费单位	收费基价（元）
1	灼烧失重	重量法	项	23
2	水不溶物			81
3	酸不溶物			70
4	SiO_2			103
5	R_2O_3			52

续表 8.4 - 3

序号	试验项目		计费单位	收费基价（元）
6	Fe_2O_3	容量法		14
7	Al_2O_3			21
8	CaO			26
9	MgO			5
10	MnO	比色法		29
11	TiO_2			29
12	K_2O	火焰光度法		65
13	NaO			52
14	P_2O_5	比色法	项	18
15	SO_3	燃烧法		23
16	CO_2	中和法		14
17	有机质	重铬酸钾氧化法		40
18	水分	105℃重量法		47
19	易溶盐	重量法		132
		电导法		59
20	中溶盐	中和容量法		78
21	难溶盐			82
22	土中离子代换			47

8.5 现场室内试验

土工、水质、岩石室内试验需移至现场进行的，附加调整系数为 1.3。

9　煤炭工程勘察

9.1　说明

9.1.1　本章为煤炭工业的矿井、露天矿、选煤厂、水煤浆制备与燃烧应用、煤层气抽放及输配等工程初步设计和施工图设计阶段的工程勘察收费。

9.1.2　煤炭工程初步设计阶段的勘察工作量为 30%，施工图设计阶段的勘察工作量为 70%。

9.2　煤炭工程勘察收费

9.2.1　根据场地地形和岩土工程复杂程度，煤炭工程勘察分为一般场地和复杂场地两类：一般场地，岩土工程勘察和工程测量按该建设项目工程设计收费基准价的 12% ~ 18% 计算收费；复杂场地，如岩溶、洞穴、泥石流、滑坡、沙漠以及山前洪积扇等，按该建设项目工程设计收费基准价的 20% 计算收费。

9.2.2　矿井井巷、露天矿疏干，边坡和排土场的工程勘察另行计算收费。岩土工程设计与检测监测执行通用工程勘察收费标准。

10 水利水电工程勘察

10.1 说明

10.1.1 本章为水库、引调水、河道治理、灌区、水电站、潮汐发电、水土保持等工程初步设计、招标设计和施工图设计阶段的工程勘察收费。

10.1.2 单独委托的专项工程勘察、风力发电工程勘察，执行通用工程勘察收费标准。

10.1.3 水利水电工程勘察按照建设项目单项工程概算投资额分档定额计费方法计算收费，计算公式如下：

工程勘察收费 = 工程勘察收费基准价 × （1 ± 浮动幅度值）

工程勘察收费基准价 = 基本勘察收费 + 其他勘察收费

基本勘察收费 = 工程勘察收费基价 × 专业调整系数 × 工程复杂程度调整系数 × 附加调整系数

10.1.4 水利水电工程勘察收费的计费额、基本勘察收费、其他勘察收费及调整系数等，《工程勘察收费标准》中未做规定的，按照《工程设计收费标准》规定的原则确定。

10.1.5 水利水电工程勘察收费基价是完成水利水电工程基本勘察服务的价格。

10.1.6 水利水电工程勘察作业准备费按照工程勘察收费基准价的15% ~ 20%计算收费。

10.2 水利水电工程各阶段工作量比例及专业调整系数

水利水电工程勘察各阶段工作量比例表　　　　表 10.2 - 1

工程类型 设计阶段	水电、潮汐	水库	引调水、河道治理		水土保持
			建筑物	渠道管线	
初步设计（%）	60	68	68	73	73
招标设计（%）	10	4	4	3	3
施工图设计（%）	30	28	28	24	24

水利水电工程勘察专业调整系数表　　　　表 10.2 - 2

序号	工程类别	专业调整系数
1	水电	1.40
2	水库	1.04
3	潮汐发电	1.70
4	水土保持	0.5 ~ 0.55

序号	工程类别	专业调整系数
5	引调水和河道治理	0.8
6	灌区田间	0.3～0.4
7	城市防护、河口整治	0.84～0.92
8	围垦	0.76～0.88

10.3　水利水电工程勘察复杂程度划分

水利水电工程勘察复杂程度赋分表　　　　表 10.3－1

序号	项目	赋分条件	分值	序号	项目	赋分条件	分值
1	坝高 H（m）	$H<30$	－5	6	地质构造	简单	－2
		$30\leq H<50$	－2			中等	1
		$50\leq H<70$	1			较复杂	2
		$70\leq H<150$	3			复杂	3
		$150\leq H<250$	5	7	坝基或厂基覆盖层厚度	$<10m$	－2
2	建筑物	一般土石坝	－1			$10\sim20m$	1
		常规重力坝	1			$20\sim40m$	2
		两种坝型或引水线路大于 3km 或抽水蓄能电站	2			$40\sim60m$	4
		拱坝、碾压混凝土坝、混凝土面板堆石坝，新坝型	3	8	水文地质	简单	－2
		大型地下洞室群	4			中等	1
3	岩石级别	Ⅴ级以下	－2			较复杂	2
		Ⅵ级岩石	0			复杂	3
		Ⅶ级岩石	1	9	库岸稳定	可能不稳定体 <10 万 m^3	0
		Ⅷ、Ⅸ级岩石	2			可能不稳定体 10 万～100 万 m^3	2
		Ⅹ级及以上	3			可能不稳定体 100 万～500 万 m^3	3
4	地形地貌	简单	－2			可能不稳定体 500 万 m^3 以上	4
		中等	1	10	库区渗漏	无永久性渗漏	－1
		较复杂	2			断层或古河道渗漏	2
		复杂	3			单薄分水岭渗漏	3
5	地层岩性	均一	－2	11	水文勘察	简单	－1
		较均一	1			中等	1
		较复杂	1			复杂	3
		复杂	3				

水利水电工程勘察复杂程度表　　表 10.3 − 2

项目	Ⅰ	Ⅱ	Ⅲ
水库、水电工程	赋分值之和 ≤ − 3	赋分值之和 − 3 ~ 10	赋分值之和 ≥ 10
引调水建筑物工程	丘陵、山区、沙漠地区建筑物投资之和占全部建筑物总投资 ≤ 30%	丘陵、山区、沙漠地区建筑物投资之和占建筑物总投资 ≤ 60%	丘陵、山区、沙漠地区建筑物投资之和占建筑物总投资 > 60%
引调水渠道管线工程	丘陵、山区、沙漠地区渠道管线长度之和占总长度 ≤ 30%	丘陵、山区、沙漠地区渠道管线长度之和占总长度 ≤ 60%	丘陵、山区、沙漠地区渠道管线长度之和占总长度 > 60%
河道治理建筑物及河道堤防工程	堤防等级 Ⅴ 级	堤防等级 Ⅲ、Ⅳ 级	堤防等级 Ⅰ、Ⅱ 级
其他		灌区田间工程 水土保持工程	

水利水电工程勘察收费附加调整系数表　　表 10.3 − 3

序号	项目	工作内容	附加调整系数
1	坝址或坝线比较	一个或一条	0.7
2		三个或三条	1.3
3	引水线路比较	两条以上	1.2
4	岩溶地区	岩溶地区勘察	1.2
5	河床覆盖层厚度	>60m	1.1
6	地震设防烈度	≥8 度	1.1 ~ 1.2
7	高坝勘察	>250m	1.1
8	深埋长隧洞	埋深 >1000m，长度 >8km	1.2
9	线路勘察	两条以上	1.05 ~ 1.5

10.4 水利水电工程勘察收费基价

水利水电工程勘察收费基价表   表 10.4 - 1

序号	计费额（万元）	收费基价（万元）
1	200	9.0
2	500	20.9
3	1000	38.8
4	3000	103.8
5	5000	163.9
6	8000	249.6
7	10000	304.8
8	20000	566.8
9	40000	1054.0
10	60000	1515.2
11	80000	1960.1
12	100000	2393.4
13	200000	4450.8
14	400000	8276.7
15	600000	11897.5
16	800000	15391.4
17	1000000	18793.8
18	2000000	34948.9

注：计费额 >2000000 万元的，以计费额乘以 1.7% 的收费率计算收费基价。

11　电力工程勘察

11.1　说明

11.1.1　本章为火电、变电、送电、核电工程初步设计和施工图设计阶段的工程勘察收费。

11.1.2　电力工程勘察收费按下列公式计算：

工程勘察收费 = 工程勘察收费基价 × 实物工作量 × 附加调整系数

11.1.3　电力工程勘察作业准备费按下列公式计算：

工程勘察作业准备费 = 工程勘察收费基准价 × 工程勘察作业准备费比例

电力工程勘察作业准备费比例表　　　　　表 11.1－1

项　目	火电工程		变电工程		送电工程	
机组容量或电压等级	≥300MW	<300MW	≥330kV	<330kV	≥330kV	<330kV
比例（%）	15	17	20	23	17	20

11.2　火电工程勘察复杂程度划分

11.2.1　火电、变电、送电工程勘察复杂程度赋分值见表 11.7－1。

11.2.2　火电、变电、送电工程勘察复杂程度见表 11.7－2。

11.3　火电工程勘察

火电工程勘察收费基价表　　　　　表 11.3－1

机组容量（MW）	项　目	计费单位	收费基价（万元）				
			I	II	III	IV	V
>1000	初设阶段	项	303.66	425.12	607.31	880.60	1093.16
1000			274.27	383.98	548.54	795.38	987.37
800			241.62	338.27	483.24	700.70	869.83
600			204.07	285.70	408.14	591.80	734.65

续表 11.3－1

机组容量 （MW）	项 目	计费 单位	收费基价（万元）				
			I	II	III	IV	V
300	初设阶段	项	163.26	228.56	326.51	473.44	587.72
200			125.71	175.99	251.42	364.56	452.56
100			83.27	116.57	166.53	241.47	299.75
相应机组容量	施设阶段		收费基价与初步设计阶段相同				

注：本表为安装两台机组的收费标准。

11.4 变电工程勘察

变电工程勘察收费基价表 表 11.4－1

电压等级 （kV）	项 目	计费 单位	收费基价（万元）				
			I	II	III	IV	V
500	初设阶段	项	18.35	25.69	36.70	53.22	66.06
330			14.85	20.79	29.70	43.07	53.46
220			7.90	11.06	15.80	22.91	28.44
110			4.75	6.65	9.50	13.78	17.10
≤35			2.85	3.99	5.70	8.27	10.26
相应电压等级	施设阶段		收费基价为初设阶段的 0.8				

火电、变电工程勘察收费附加调整系数表 表 11.4－2

序号	项目	工作内容	附加调整 系数	备 注
1	火电	安装一台机组	0.80	
2		每增加一台机组	1.35	
3		供热电厂勘察	1.15	
4		两个水工系统勘察	1.10	
5		扩建主厂房	0.67	
6		扩建水工系统	原规划容量内	0.15

序号	项目	工作内容		附加调整系数	备注
7	火电	扩建水工系统	超过原规划容量新建	0.41	
8		扩建除贮灰系统	原规划容量内	0.24	收费基价为表 11.3 - 1 中 300MW
9			超过原规划容量新建	0.42	
10		灰坝高度超过 30m		1.05	
11	火电变电	水下地形测量超过 0.4km²、水下钻探总进尺超过 100m 的部分执行通用工程勘察收费标准			
12		人工高边坡勘察		1.10	
13	变电	换流站勘察		1.80	
14		规划容量内扩建		0.30	
15		超过规划容量扩建		0.60	
16		测土壤电阻率及大地导电率		0.05	

11.5 送电工程勘察

送电工程勘察收费基价表　　　　表 11.5 - 1

序号	电压等级（kV）	项目	计费单位	收费基价（元）				
				I	II	III	IV	V
1	500	初设阶段	km	1303	1902	2605	3777	4950
	330			1107	1615	2213	3209	4205
	220			651	950	1302	1888	2474
	110			495	723	990	1436	1881
2	相应电压等级	施设阶段		收费基价为初设阶段的 4.0				

送电工程勘察收费附加调整系数表　　　　表 11.5 - 2

序号	工作内容	附加调整系数	备注
1	35kV 及以下送电工程	0.43	收费基价为表 11.5 - 1 中 110kV 施设收费标准
2	全数字摄影测量系统优化路径	1.00	收费基价为表 11.5 - 1 初设收费标准

续表 11.5 – 2

序号	工作内容	附加调整系数	备 注
3	110kV、220kV 施设阶段分两次进行勘察	1.20	
4	重冰区勘察		
5	稳定性评价		
6	增加塔基地形测量	1.15	
7	同塔双回路勘察		
8	量测房屋分布	1.10	
9	测土壤电阻率及大地导电率	0.40	
10	隐蔽地区面积占线路长度 >60%	1.30	
11	初设阶段线路勘测长度超过方案设计长度 1.5 倍的部分，按送电工程相应收费标准收费		
12	线路长度不足 10km，按 10km 计算收费		

11.6　核电工程勘察

11.6.1　核电工程勘察执行通用工程勘察收费标准。

11.6.2　编制核电工程勘察总报告书,按照核电工程勘察收费基准价的30%计算收费。

11.7　火电、长输管道、铁路、公路工程勘察复杂程度划分

火电、长输管道、铁路、公路工程勘察复杂程度赋分表　　11.7 – 1

复杂程度	I		II		III		IV		V	
因素分类	因素	分值	因素	分值	因素	分值	因素	分值	因素	分值
地形	地形平坦或稍有坡度	1 (1/1)	地形起伏小,高差在 ≤ 20m 的缓丘地区	3 (3/3)	地形起伏较大,高差在≤80m 的重丘地区	5 (6/6)	地形起伏变化大,高差在 ≤ 150m 的山区	7 (10/10)	地势起伏变化很大,高差在 > 150m 的山区	9 (14/14)

复杂程度	I		II		III		IV		V	
因素分类	因素	分值	因素	分值	因素	分值	因素	分值	因素	分值
通视通行	地区开阔,通视良好;通行方便的平原或草原	1 (1/10)	高草、高农作物、树林、竹林隐蔽地区面积在 ≤ 20%;有部分杂草和低农作物或比高较小的梯田地区	2 (5/16)	高草、高农作物、树林、竹林隐蔽地区面积 ≤ 40%;容易通过的沼泽水网、高差较大的梯田地区	4 (8/22)	高草、高农作物、树林、竹林隐蔽地区面积 ≤ 50%;沙漠、较难通行的水网、沼泽、较深的冲沟、石峰石林及难于通行的岩石露头地区	6 (12/28)	高草、高农作物、树林、竹林隐蔽地区面积 > 50%;岭谷险峻、地形切割剧烈、攀登艰难的山区、很难通行的沼泽、密集的荆棘灌木丛林区	8 (16/36)
地物	房屋、矿洞、地质勘探点(线)、沟坎、道路、水系、灌网及各种管线等面积≤5%	1 (1/1)	房屋、矿洞、地质勘探点(线)、沟坎、道路、水系、灌网及各种管线等面积≤10%	2 (2/2)	房屋、矿洞、地质勘探点(线)、沟坎、道路、水系、灌网及各种管线等面积≤25%	3 (3/3)	房屋、矿洞、地质勘探点(线)、沟坎、道路、水系、灌网及各种管线等面积≤40%	4 (4/4)	房屋、矿洞、地质勘探点(线)、沟坎、道路、水系、灌网及各种管线等面积>40%	5 (5/5)
工程地质	地质构造简单、地层岩性单一(以I类岩土为主)	1 (5/2)	地质构造、地层岩性较简单,不良地质及特殊地质现象极少(以II类岩土为主)	3 (15/5)	地质构造、地层岩性较复杂,不良地质现象较发育,特殊地质现象较多(以III类岩土为主)	5 (25/8)	地质构造复杂,地层岩性变化大,不良地质现象发育,特殊地质现象多(以IV类岩土为主)	7 (35/11)	地质构造很复杂,地层岩性种类繁多,变化复杂,不良地质、特殊地质现象规模大且复杂(以V类岩土为主)	9 (45/14)
水文气象	(基础资料齐全;水文情势简单)	(1/1)	(基础资料较齐全;水文情势较简单)	(2/2)	(基础资料年限短;水文情势较复杂)	(3/3)	(基础资料较缺乏;水文情势复杂)	(4/4)	(基础资料缺乏;水文情势极其复杂)	(5/5)

注: 1. 火电工程复杂程度赋分使用括号内数值,分子为发电和变电工程赋分值,分母为送电工程赋分值;

2. 岩土的分类和鉴定见国标《岩土工程勘察规范》。

火电、变电、送电工程勘察复杂程度表　　　　表 11.7 - 2

工程类别	复杂类别	I	II	III	IV	V
火电、变电	类别分值	9	18	35	52	73
送电		12	21	34	50	67

注：复杂程度分值处于两档之间，采用插入法计算收费。

长输管道、铁路、公路工程勘察复杂程度表　　　　表 11.7 - 3

复杂类别	I	II	III	IV	V
类别分值	4	10	15	20	>25

注：复杂程度分值处于两档之间，采用插入法计算收费。

12 长输管道工程勘察

12.1 说明

12.1.1 本章为输送石油、天然气、成品油、矿浆等气态或液态介质，从外输总站到用户口站间管道工程初步设计和施工图设计阶段的工程测量及岩土工程勘察收费。

12.1.2 长输管道穿越或跨越河、渠、湖泊、冲沟、公路、铁路，以及站址、隧道等工程，执行通用工程勘察收费标准，长输管道工程勘察收费应当扣除其相应的长度。

12.1.3 长输管道工程勘察收费按照下列公式计算：

工程勘察收费 ＝ 工程勘察收费基价 × 实物工作量 × 附加调整系数

12.2 长输管道工程勘察复杂程度划分

12.2.1 长输管道工程勘察复杂程度赋分值见表 11.7 – 1。

12.2.2 长输管道工程勘察复杂程度见表 11.7 – 3。

12.3 长输管道工程勘察收费基价

长输管道工程勘察收费基价表　　　　表 12.3 – 1

序号	项目	计费单位	收费基价（万元）				
			I	II	III	IV	V
1	初勘	km	0.22	0.33	0.51	0.77	1.11
2	详勘		0.71	1.08	1.67	2.52	3.64

13　铁路工程勘察

13.1　说明

13.1.1　本章为铁路工程勘察收费。

13.1.2　铁路线路工程勘察按照正线公里计算收费。在铁路线路工程勘察正线公里范围内引起的其他铁路改建的工程勘察不再计算收费。

13.1.3　根据工程性质需要作工程地质加深勘察或者进行专项工程勘察的，执行通用工程勘察收费标准。

13.1.4　本收费标准中的 1∶2000 地形图是按照宽度 0.4 公里计算收费的，采用航测时，宽度为 0.6 公里，超出的 0.2 公里，按照通用工程勘察收费标准另行计算收费。

13.1.5　铁路工程勘察收费按照下列公式计算：

工程勘察收费 = 工程勘察收费基价 × 实物工作量 × 附加调整系数

13.2　铁路工程勘察复杂程度划分

13.2.1　铁路工程勘察复杂程度赋分值见表 11.7 – 1。

13.2.2　铁路工程勘察复杂程度见表 11.7 – 3。

13.3　铁路工程勘察收费基价

铁路工程勘察收费基价表　　　　　　　　　　　　　　表 13.3 – 1

序号	项目	计费单位	收费基价（万元）				
			Ⅰ	Ⅱ	Ⅲ	Ⅳ	Ⅴ
1	初测	正线公里	2.46	3.16	4.64	6.30	8.50
2	定测		3.00	3.86	5.66	8.67	11.67
3	合计		5.46	7.02	10.30	14.97	20.17

注：1. 铁路工程全线复杂程度按里程加权平均确定；

　　2. 本表适用于新建单线非电气化铁路初测和定测两阶段工程勘察收费。

铁路工程勘察收费附加调整系数表　　表 13.3 - 2

序号	项　目	附加调整系数	备　注
1	一次勘察	0.8	按初、定测收费基价之和计算收费
2	施工图设计阶段的补充定测	0.6	按定测收费相应单价计算收费
3	新建双线	1.1	
4	增建第二线	1.0	
5	既有线（含电气化铁路）技术改造	0.6~0.9	根据工作量计算收费
6	新建电气化单线铁路	1.05	
7	新建电气化双线铁路	1.15	
8	电气化铁路增建第二线	1.05	
9	既有线技术改造并电化	0.8~1.05	根据工作量计算收费
10	既有线现状电化	0.7	
11	时速 160~200 公里的客运专线	1.3	不再考虑双线系数
12	正线长度在 30 公里以下的独立项目	1.5	按相应单价计算收费
13	永久碴场专用线	1.0	

注：1. 相应单价是指铁路工程勘察收费基价乘以附加调整系数后的单位收费价格；

2. 枢纽内的正线，一公里以上的联络线（包括干线与干线、干线与支线、专用线之间的联络线）、环到线、环发线、疏解线，一公里以上专用线的工程勘察，按照相应单价乘以线路长度计算收费；

3. 枢纽内的大站（包括编组站、工业站、含客技站的客站），除贯通正线的工程勘察费外，加收相应单价乘以大站长度的 2 倍计算收费；

4. 枢纽内进出大站上、下行分开的疏解线，按照相应单价乘以上、下行线路长度之和计算收费，其他方向引入正线，环到线、环发线、疏解线，一公里以上联络线和专用线等在大站长度范围以内的部分，按照相应单价乘以线路长度的 0.5 倍计算收费；

5. 枢纽内的勘察为独立复杂的技术设施，如机务段、车辆段、独立货场等，或者上述设施不在大站长度范围内的工程勘察，按照铁路工程勘察收费基价乘以基线长度的 1~2 倍计算收费。

14　公路工程勘察

14.1　说明

14.1.1　本章为公路工程初测和定测阶段的工程勘察收费。

14.1.2　地质病害集中的山区公路、长大隧道及独立大桥梁，超出《公路工程勘察设计规程》常规范围的工程勘察，执行通用工程勘察收费标准。

14.1.3　本收费标准中的 1:2000 地形图是按照宽度 0.4 公里计算收费的，采用航测时，宽度为 0.6 公里，超出的 0.2 公里，按照通用工程勘察收费标准另行计算收费。

14.1.4　公路工程勘察收费按照下列公式计算：

工程勘察收费 = 工程勘察收费基价 × 实物工作量 × 附加调整系数

14.2　公路工程勘察复杂程度划分

14.2.1　公路工程勘察复杂程度赋分值见表 11.7 - 1。

14.2.2　公路工程勘察复杂程度见表 11.7 - 3。

14.3　公路工程勘察收费基价

公路工程勘察收费基价表　　　　　　　表 14.3 - 1

序号	项目	公路等级	计费单位	收费基价（万元）				
				I	II	III	IV	V
1	初测	高速	正线公里	2.70	4.32	6.15	8.35	10.60
		一级		2.20	3.60	5.05	6.50	9.40
		二级　三级		1.10	1.75	2.40	3.55	5.00
2	定测	高速		3.00	4.65	6.75	9.40	11.80
		一级		2.50	3.85	5.55	7.15	10.00
		二级　三级		1.40	2.05	3.00	4.20	5.90

公路工程勘察收费附加调整系数表 表 14.3－2

序号	项　目		附加调整系数	备　注
1	一次勘察		0.8	按初、定测收费基价之和计算收费
2	施工图阶段的补充定测		0.6	按定测收费基价计算收费
3	正线长度在 30 公里以下的独立项目		1.5	按相应路段主线长度计算收费
4	桥梁、隧道		2～3	
5	立体交叉	一般互通式	2	
		枢纽型互通式	3～4	

15　通信工程勘察

15.1　说明

本章为通信工程初步设计和施工图设计阶段的工程勘察收费。广播电视同类工程的勘察可以按照本章收费标准收费。

15.2　通信工程各阶段服务内容

通信工程勘察服务内容表　　　　　　　　　表 15.2－1

项目名称	一阶段勘察	二阶段勘察	
		初步设计阶段勘察	施工图设计阶段勘察
通信管道及光(电)缆线路工程	收集资料、调查情况、选定路由、现场测量、疑点坑探、测量定位、土壤 PH 值及大地电阻率分析等	收集资料、调查情况、选定路由、疑点坑探等	收集资料、调查情况、选定路由、现场测量、疑点坑探、测量定位、土壤 PH 值及大地电阻率分析等
微波、卫星及移动通信设备安装工程	收集资料、调查情况、选定路由、高程测量、站址选择、干扰调查、划线定位等	收集资料、调查情况、选定路由、高程测量、站址选择、干扰调查等	收集资料、调查情况、高程测量、划线定位等

15.3　通信工程各阶段工作量比例

通信工程勘察各阶段工作量比例表　　　　　　　表 15.3－1

勘察阶段／工程类型	一阶段勘察（％）	二阶段勘察（％）	
		初步设计阶段勘察	施工图设计阶段勘察
通信管道及光（电）缆线路工程	80	40	60
微波、卫星及移动通信设备安装工程	80	60	40

15.4 通信工程勘察收费

通信管道及光电缆线路工程勘察收费基价表　　表 15.4 – 1

序号	项　目		计费单位	收费基价（元）	内插值
1	通信管道	$L \leqslant 0.2$		1000	起价
		$0.2 < L \leqslant 1.0$		1000	3200
		$1.0 < L \leqslant 3.0$		3560	2733
		$3.0 < L \leqslant 5.0$		9026	1867
		$5.0 < L \leqslant 10.0$		12760	1467
		$10.0 < L \leqslant 50.0$		20095	1200
		$L > 50.0$		68095	933
2	埋式光（电）缆线路长途架空光（电）缆线路	$L \leqslant 1.0$		2500	起价
		$1.0 < L \leqslant 50.0$		2500	1140
		$50.0 < L \leqslant 200.0$		58360	990
		$200.0 < L \leqslant 1000.0$		206860	900
		$L > 1000.0$		926860	830
3	管道光（电）缆线路、市内架空光（电）缆线路	$L \leqslant 1.0$	km	2000	起价
		$1.0 < L \leqslant 10.0$		2000	1530
		$10.0 < L \leqslant 50.0$		15770	1130
		$L > 50.0$		60970	1000
4	水底光（电）缆线路	$L \leqslant 1.0$		3130	起价
		$1.0 < L \leqslant 5.0$		3130	2470
		$5.0 < L \leqslant 20.0$		13010	2000
		$L > 20.0$		43010	1800
5	海底光（电）缆线路	$L \leqslant 5.0$		8500	起价
		$5.0 < L \leqslant 20.0$		8500	1500
		$20.0 < L \leqslant 50.0$		31000	1370
		$50.0 < L \leqslant 100.0$		72100	1300
		$L > 100.0$		137100	1170

注：1. 本表按照内插法计算收费，计费额 = 收费基价 + 内插值 ×（实际工程量 – 基价对应工程量）；

2. 通信工程勘察的坑深均按照地面以下 3m 以内计，超过 3m 的收费另议；

3. 通信管道穿越桥、河及铁路的，穿越部分附加调整系数为 1.2；

4. 长途架空光（电）缆线路工程利用原有杆路架设光（电）缆的，附加调整系数为 0.8。

微波、卫星及移动通信设备安装工程勘察收费基价表　表 15.4 – 2

序号	项　目		计费单位	收费基价（元）
1	微波站	容量 16 × 2Mb/s 以下		4250
		其他容量		6500
2	卫星通信（微波设备安装）站	Ⅰ、Ⅱ类站	站	30000
		Ⅲ、Ⅳ类站		12000
		单收站		4000
		VSAT 中心站		12000
3	移动通信基站	全向、三扇区、六扇区		4250

注：1. 寻呼基站工程勘察费按照移动通信基站计算收费；

　　2. 微蜂窝基站工程勘察费按照移动通信基站的 80% 计算收费。

16 海洋工程勘察

16.1 说明

16.1.1 本章适用于离岸水深 5m 至 1000m 的海洋工程勘察。

16.1.2 海洋工程勘察技术工作费收费比例为 22%。

16.2 海底地形测量

海底地形多波束测量实物工作收费基价表　　　表 16.2 – 1

水深 D_s（m）	计费单位	收费基价（元）
$5 < D_s \leq 10$		92032
$10 < D_s \leq 20$		48016
$20 < D_s \leq 40$		23008
$40 < D_s \leq 80$	km²	11504
$80 < D_s \leq 150$		5752
$D_s > 150$		2876

注：1. 单波束测量执行通用工程勘察水域测量收费标准；

　　2. 多波束单次测量收费低于 100000 元时，按照 100000 元计算收费。

16.3 海底面状况侧扫

海底面状况侧扫实物工作收费基价表　　　表 16.3 – 1

水深 D_s（m）	计费单位	收费基价（元）
$5 < D_s \leq 20$		2373
$20 < D_s \leq 50$		2157
$50 < D_s \leq 100$	km	2373
$100 < D_s \leq 150$		2588
$D_s > 150$		3020

注：工作量少于 15km 的，按照 15km 计算收费。

16.4　底质取样

底质取样实物工作收费基价表　　　　　　　　　　表 16.4 – 1

序号	项目	水深 D_s（m）	计费单位	收费基价（元）
1	表层取样	$5 < D_s \leqslant 50$	站	2192
		$50 < D_s \leqslant 150$		3396
		$D_s > 150$		6208
2	柱状取样	$5 < D_s \leqslant 50$		4386
		$50 < D_s \leqslant 150$		6792
		$D_s > 150$		12417

注：柱状样品超过标准长度或者重复取样三次以上的，附加调整系数为 1.15 ~ 1.30。

16.5　岸边气象、潮位、波浪观测

岸边气象、潮位、波浪观测实物工作收费基价表　　　表 16.5 – 1

序号	观测项目	时间	计费单位	收费基价（元）
1	潮位	月/年	站	49000/310000
2	气象			50000/300000
3	波浪			55000/330000
4	三要素在同一站位观测			90000/500000

注：设站条件十分困难地区，附加调整系数为 1.15 ~ 1.30。

16.6　离岸气象、潮位、波浪观测

离岸气象、潮位、波浪观测实物工作收费基价表　　　表 16.6 – 1

序号	观测项目	时间	计费单位	收费基价（元）
1	潮位	月	站	70000
2	气象			80000
3	波浪			90000
4	流速、流向			90000

注：海况恶劣季节或者潮流、海流流速大于 5 节海区，附加调整系数为 1.15 ~ 1.30。

16.7 海流、温盐、悬浮泥沙观测

海流、温盐、悬浮泥沙观测复杂程度分类表　　表 16.7－1

类别 因素	Ⅰ	Ⅱ	Ⅲ
水深 D_s（m）	$5 < D_s \leqslant 10$	$10 < D_s \leqslant 20$	$D_s > 20$
锚泊	粉砂质泥	泥质粉砂	铁板砂
潮差 T（m）	$T < 2$	$2 \leqslant T \leqslant 3$	$T > 3$
最大流速 V_{max}（m/s）	$V_{max} < 2.5$	$2.5 \leqslant V_{max} \leqslant 3.5$	$V_{max} > 3.5$
作业地点海况条件	0～1 级	2 级	>2 级

注：1. 海况分级见《海滨观测规范》；

　　2. 本表同时具备两项及以上因素的，按照最高类别计算收费。

海流、温盐、悬浮泥沙观测实物工作收费基价表　　表 16.7－2

序号	观测项目	计费单位	收费基价（元）		
			Ⅰ	Ⅱ	Ⅲ
1	流速、流向	站·周日	12000	14000	18000
2	温度、盐度		6000	6000	7000
3	悬浮泥沙		7000	7000	8000
4	三项同时观测		25000	27000	33000

注：1. 多船同步观测时，附加调整系数为 1.30；

　　2. 表面漂流观测每次收费 7000 元。

16.8 海洋工程地质钻探

海洋工程地质钻探实物工作收费基价表　　表 16.8－1

序号	水深 D_s	进尺深度 D（m）	计费单位	收费基价（元）
1	$5 < D_s \leqslant 20$	$D \leqslant 10$	m	5650
		$10 < D \leqslant 50$		5400
		$50 < D \leqslant 120$		5300
		$D > 120$		5830

续表 16.8 – 1

序号	水深 D_s	进尺深度 D（m）	计费单位	收费基价（元）
2	$D_s > 20$	$D \leqslant 10$	m	6780
		$10 < D \leqslant 50$		6480
		$50 < D \leqslant 120$		6360
		$D > 120$		6990

注：工作内容包括取样、标贯、护壁等，每 2m 取样、标贯各一次。

16.9 海底地层探测

海底地层探测实物工作收费基价表   表 16.9 – 1

序号	探测方式	计费单位	收费基价（元）
1	浅层	km	2157
2	单道地震（电火花式）		2772
3	多道地震	CDP	150

注：1. 测线方向与流向交角大于 60°时，多道地震测量附加调整系数为 1.15 ~ 1.30；
　　2. 浅层、单道地震工作量少于 15km 的，按 15km 计算收费。

16.10 其他海洋工程勘察项目

其他海洋工程勘察实物工作收费基价表   表 16.10 – 1

序号	项目	计费单位	收费基价（元）
1	水化学	站	1954
2	沉积物化学		见表 16.4 – 1 中序号 1
3	泥温		2128
4	污损生物	站·年	85000
5	地磁观测	km	2157

注：1. 本表服务内容包括选址、导航定位、技术设计、设备配置、样品处理等；
　　2. 水化学每站按 5 层采取水样；
　　3. 沉积物化学与海底底质取样同时作业时，只收取每站 500 元的样品处理费。

工程设计收费标准

1 总 则

1.0.1 工程设计收费是指设计人根据发包人的委托，提供编制建设项目初步设计文件、施工图设计文件、非标准设备设计文件、施工图预算文件、竣工图文件等服务所收取的费用。

1.0.2 工程设计收费采取按照建设项目单项工程概算投资额分档定额计费方法计算收费。

铁道工程设计收费计算方法，在交通运输工程一章中规定。

1.0.3 工程设计收费按照下列公式计算

1 工程设计收费 = 工程设计收费基准价 × （1 ± 浮动幅度值）

2 工程设计收费基准价 = 基本设计收费 + 其他设计收费

3 基本设计收费 = 工程设计收费基价 × 专业调整系数 × 工程复杂程度调整系数 × 附加调整系数

1.0.4 工程设计收费基准价

工程设计收费基准价是按照本收费标准计算出的工程设计基准收费额，发包人和设计人根据实际情况，在规定的浮动幅度内协商确定工程设计收费合同额。

1.0.5 基本设计收费

基本设计收费是指在工程设计中提供编制初步设计文件、施工图设计文件收取的费用，并相应提供设计技术交底、解决施工中的设计技术问题、参加试车考核和竣工验收等服务。

1.0.6 其他设计收费

其他设计收费是指根据工程设计实际需要或者发包人要求提供相关服务收取的费用，包括总体设计费、主体设计协调费、采用标准设计和复用设计费、非标准设备设计文件编制费、施工图预算编制费、竣工图编制费等。

1.0.7 工程设计收费基价

工程设计收费基价是完成基本服务的价格。工程设计收费基价在《工程设计收费基价表》（附表一）中查找确定，计费额处于两个数值区间的，采用直线内插法确定工程设计收费基价。

1.0.8 工程设计收费计费额

工程设计收费计费额，为经过批准的建设项目初步设计概算中的建筑安装工程费、设备与工器具购置费和联合试运转费之和。

工程中有利用原有设备的，以签订工程设计合同时同类设备的当期价格作为工程设计收费的计费额；工程中有缓配设备，但按照合同要求以既配设备进行工程设计并达到设备安装和工艺条件的，以既配设备的当期价格作为工程设计收费的计费额；工程中有引进设备的，按照购进设备的离岸价折换成人民币作为工程设计收费的计费额。

1.0.9 工程设计收费调整系数

工程设计收费标准的调整系数包括：专业调整系数、工程复杂程度调整系数和附加调整系数。

1 专业调整系数是对不同专业建设项目的工程设计复杂程度和工作量差异进行调整的系数。计算工程设计收费时，专业调整系数在《工程设计收费专业调整系数表》（附表二）中查找确定。

2 工程复杂程度调整系数是对同一专业不同建设项目的工程设计复杂程度和工作量差异进行调整的系数。工程复杂程度分为一般、较复杂和复杂三个等级，其调整系数分别为：一般（Ⅰ级）0.85；较复杂（Ⅱ级）1.0；复杂（Ⅲ级）1.15。计算工程设计收费时，工程复杂程度在相应章节的《工程复杂程度表》中查找确定。

3 附加调整系数是对专业调整系数和工程复杂程度调整系数尚不能调整的因素进行补充调整的系数。附加调整系数分别列于总则和有关章节中。附加调整系数为两个或两个以上的，附加调整系数不能连乘。将各附加调整系数相加，减去附加调整系数的个数，加上定值1，作为附加调整系数值。

1.0.10 非标准设备设计收费按照下列公式计算

非标准设备设计费＝非标准设备计费额×非标准设备设计费率

非标准设备计费额为非标准设备的初步设计概算。非标准设备设计费率在《非标准设备设计费率表》（附表三）中查找确定。

1.0.11 单独委托工艺设计、土建以及公用工程设计、初步设计、施工图设计的，按照其占基本服务设计工作量的比例计算工程设计收费。

1.0.12 改扩建和技术改造建设项目，附加调整系数为1.1~1.4。根据工程设计复杂程度确定适当的附加调整系数，计算工程设计收费。

1.0.13 初步设计之前，根据技术标准的规定或者发包人的要求，需要编制总体设计的，按照该建设项目基本设计收费的5%加收总体设计费。

1.0.14 建设项目工程设计由两个或者两个以上设计人承担的，其中对建设项目工程设计合理性和整体性负责的设计人，按照该建设项目基本设计收费的5%加收主体设计协调费。

1.0.15 工程设计中采用标准设计或者复用设计的，按照同类新建项目基本设计收费的30%计算收费；需要重新进行基础设计的，按照同类新建项目基本设计收费的40%计算收费；需要对原设计做局部修改的，由发包人和设计人根据设计工作量协商确定工程设计收费。

1.0.16 编制工程施工图预算的，按照该建设项目基本设计收费的10%收取施工图预算编制费；编制工程竣工图的，按照该建设项目基本设计收费的8%收取竣工图编制费。

1.0.17 工程设计中采用设计人自有专利或者专有技术的，其专利和专有技术收费由发包人与设计人协商确定。

1.0.18 工程设计中的引进技术需要境内设计人配合设计的，或者需要按照境外设计程序和技术质量要求由境内设计人进行设计的，工程设计收费由发包人与设计人根据实际发生的设计工作量，参照本标准协商确定。

1.0.19 由境外设计人提供设计文件，需要境内设计人按照国家标准规范审核并签署确认意见的，按照国际对等原则或者实际发生的工作量，协商确定审核确认费。

1.0.20 设计人提供设计文件的标准份数，初步设计、总体设计分别为 10 份，施工图设计、非标准设备设计、施工图预算、竣工图分别为 8 份。发包人要求增加设计文件份数的，由发包人另行支付印制设计文件工本费。工程设计中需要购买标准设计图的，由发包人支付购图费。

1.0.21 本收费标准不包括本总则 1.0.1 以外的其他服务收费。其他服务收费，国家有收费规定的，按照规定执行；国家没有收费规定的，由发包人与设计人协商确定。

2 矿山采选工程设计

2.1 矿山采选工程范围

适用于有色金属、黑色冶金、化学、非金属、黄金、铀、煤炭以及其他矿种采选工程。

2.2 矿山采选工程各阶段工作量比例

矿山采选工程各阶段工作量比例表　　　　表 2.2 - 1

工程类型　　　　　　　　设计阶段	初步设计（%）	施工图设计（%）
有色金属、黄金、铀矿、其他矿种采选工程 化学矿新技术采选工程、黑色冶金露天采矿工程	40	60
黑色冶金坑内采矿工程 煤炭矿山采选、水煤浆制备与燃烧应用、煤层气抽放工程	35	65
化学矿常规技术采选工程 非金属矿采选工程、黑色冶金选矿工程	30	70

2.3 矿山采选工程复杂程度

2.3.1 坑内采矿工程

坑内采矿工程复杂程度表　　　　表 2.3 - 1

等级	工程设计条件
Ⅰ级	1. 地形、地质、水文条件简单； 2. 开拓运输系统单一，斜井串车，平硐溜井，主、副、风井条数≤3 条； 3. 矿石品种单一，不分采的采矿工程
Ⅱ级	1. 地形、地质、水文条件较复杂； 2. 缓倾斜薄矿体或埋藏深度 >500m 的矿体；

等级	工 程 设 计 条 件
Ⅱ级	3. 开拓运输系统较复杂，斜井箕斗，主、副、风井条数≥4 条，有系统的顶板管理设施； 4. 两种矿石品种，有分采、分贮、分运设施的采矿工程
Ⅲ级	1. 地形、地质、水文条件复杂； 2. 缓倾斜中厚矿体或大水矿床； 3. 开拓运输系统复杂，斜井胶带，联合开拓运输系统，有复杂的疏干、排水系统及设施； 4. 两种以上矿石品种，有分采、分贮、分运设施，采用充填采矿法或特殊采矿法的各类采矿工程； 5. 铀矿采矿工程

2.3.2 露天采矿工程

露天采矿工程复杂程度表　　　　　　　　表 2.3 – 2

等级	工 程 设 计 条 件
Ⅰ级	1. 地形、地质、水文条件简单； 2. 矿体埋藏垂深 <120m 的山坡与深凹露天矿； 3. 单一采场的一般露天矿，开拓运输系统单一； 4. 矿石品种单一，不分采的采矿工程； 5. 水深 <6m 采金船采金工程
Ⅱ级	1. 地形、地质、水文条件较复杂； 2. 矿体埋藏垂深≥120m 的深凹露天矿； 3. 多采场的露天矿，两种以上开拓运输方式； 4. 两种矿石品种，有分采、分贮、分运设施的采矿工程； 5. 水深 6~9m 采金船采金工程
Ⅲ级	1. 地形、地质、水文条件复杂； 2. 缓倾斜中厚矿体，海拔标高 >3000m 的高山矿床，含流沙矿床； 3. 有防寒保温或治理流沙设施，有露天转坑内措施； 4. 两种以上矿石品种或含有用元素，有矿石倒装及分采、分贮、分运设施的采矿工程； 5. 水深 >9m 采金船或阶地采金工程

2.3.3 选矿工程

选矿工程复杂程度表　　　　　　　　表 2.3 - 3

等级	工程设计条件
Ⅰ级	1. 处理易选矿石； 2. 一段磨矿； 3. 单一选矿方法，单一产品的选矿工程
Ⅱ级	1. 处理两种矿石； 2. 两段磨矿； 3. 两种选矿方法，两种产品的选矿工程
Ⅲ级	1. 处理两种以上矿石； 2. 两段以上磨矿； 3. 两种以上选矿方法，两种以上产品； 4. 采用重介质、反浮选冷结晶等方法的选矿工程

2.3.4 煤炭矿井工程

煤炭矿井工程复杂程度表　　　　　　　表 2.3 - 4

等级	工程设计条件
Ⅰ级	1. 地形较平坦，地质构造简单，褶曲宽缓，断层稀少，工程地质条件简单； 2. 煤层、煤质稳定，全区可采，无岩浆岩侵入，无自然发火； 3. 矿床充水条件简单； 4. 地压、地温正常，煤层及瓦斯无突出的采矿工程
Ⅱ级	1. 地形起伏不大，地质构造较复杂，褶曲、断层不影响采区划分，无不良工程地质现象； 2. 煤层在可采范围内厚度变化不大，全区大部分可采，偶见少量岩浆岩，自然发火倾向小； 3. 矿床充水条件较复杂，沙漠地区有溃水溃沙； 4. 地压呈现强烈，地温正常，瓦斯含量低的采矿工程
Ⅲ级	1. 地形复杂，地质构造复杂，褶曲、断层较密集，第四系地层稳定性差； 2. 煤层倾角、厚度、煤质变化大，局部不可采，且结构复杂，有岩浆岩侵入，有自然发火危险； 3. 矿床充水条件复杂，水患严重； 4. 地压大，地温局部偏高，高瓦斯需抽放，煤层及瓦斯突出的采矿工程

2.3.5 煤炭露天矿工程

煤炭露天矿工程复杂程度表　　　　　表 2.3 - 5

等级	工 程 设 计 条 件
Ⅰ级	1. 地质构造简单，矿田地形为Ⅰ类； 2. 煤层赋存条件属Ⅰ类，煤层单一，煤层埋藏深度≤50m； 3. 采用单一开采工艺，设计技术一般的采矿工程
Ⅱ级	1. 地质构造较复杂，矿田地形为Ⅱ类； 2. 煤层赋存条件属Ⅱ类，煤层结构较复杂，煤质变化较大，可采煤层2层，煤层埋藏深度50~100m； 3. 采用单一开采工艺，设计技术较复杂的采矿工程
Ⅲ级	1. 地质构造复杂，矿田地形为Ⅲ类及以上； 2. 煤层赋存条件属Ⅲ类，煤层结构复杂，煤质变化大，可采煤层多于2层，煤层埋藏深度≥100m； 3. 采用综合开采工艺，设计技术复杂的采矿工程

2.3.6 选煤厂及其他煤炭工程

选煤厂及其他煤炭工程复杂程度表　　　　　表 2.3 - 6

等级	工 程 设 计 条 件
Ⅰ级	1. 新建筛选厂（车间）工程； 2. 只有井下开采的煤层气工程
Ⅱ级	1. 新建入洗下限＞25mm选煤厂工程； 2. 钻井1~4层、2种井下抽放工艺、2~3个抽放系统的煤层气工程
Ⅲ级	1. 新建入洗下限≤25mm选煤厂工程； 2. 钻井≥5层、3种井下抽放工艺、≥4个抽放系统的煤层气工程； 3. 水煤浆制备及燃烧应用工程

注：Ⅲ级选煤厂、水煤浆制备及燃烧应用工程，附加调整系数为1.4。

3 加工冶炼工程设计

3.1 加工冶炼工程范围

适用于机械、船舶、兵器、航空、航天、电子、核加工、轻工、纺织、林产、农业（粮食）、内贸、建材、钢铁、有色等各类加工工程，钢铁、有色等冶炼工程。

3.1.1 加工冶炼工程示例

加工冶炼工程示例表　　　　　　　　　　表 3.1 - 1

工程类别	工程示例
机械	矿山、交通、铁道、港口、工程、石油、化工、电力、纺织、医疗、农业、环保、通用、食品及包装等机械，汽车、电机、电器、电材、仪器仪表，机床工具、磨料磨具、机械基础件，社会公共安全产品及衡器等
船舶	船舶制造，船坞、船台、滑道等
兵器	枪炮、坦克、步兵战车，光学、光电、电子兵器，弹、引信、靶厂、防化器材、民爆器材等
航空	航空主机、辅机、零部件、航空维修、试验室等
航天	航天产品总装、部装、零部件、试验、测试等
电子	微电子、通信设备、电子器件、电子终端产品等
核加工	核燃料元（组）件、铀浓缩、核技术及同位素应用等
轻工	制浆造纸、日用机械、日用硅酸盐、日用化学制品、制盐、食品、皮革毛皮及制品、塑料原料及制品、家用电器、烟草等
纺织	纺织、印染、服装加工等
林产	木材加工、人造板、林产化工等
农业（粮食）内贸	粮油饲料、果蔬、畜牧水产、种子加工，农、副、水产品等仓储、保鲜、冷藏，制冰厂、屠宰厂等
建材	水泥及水泥制品、玻璃、陶瓷、耐火材料、建筑材料等
钢铁	烧结球团、炼铁、炼钢、铁合金、轧钢、钢铁加工、焦化耐火材料等
有色	重金属、轻金属、稀有金属、稀土、半导体材料、粉末冶金及硬质合金等冶炼与加工工程

3.2 加工冶炼工程各阶段工作量比例

加工冶炼工程各阶段工作量比例表　　　　表 3.2 - 1

工 程 类 型 ＼ 设计阶段	初步设计（%）	施工图设计（%）
加工冶炼工程	35	65
核加工工程	40	60

3.3 加工冶炼工程复杂程度

加工冶炼工程复杂程度表　　　　表 3.3 - 1

等级	工 程 设 计 条 件
I 级	技术简单、工艺成熟、生产流程较短的一般加工及冶炼工程，主要有： 1. 一般机械辅机及配套厂工程； 2. 船舶辅机及配套厂，船舶普航仪器厂，＜3000t 的坞修车间、船台滑道、吊车道工程； 3. 电子终端产品装配厂工程； 4. 文体用品、玩具、工艺美术品、日用杂品、金属制品厂工程； 5. 针织、服装厂工程； 6. 小型林产加工工程； 7. 小型冷库、屠宰厂、制冰厂，一般农业（粮食）与内贸加工工程； 8. 普通水泥、平板玻璃深加工、砖瓦水泥制品厂工程； 9. 小型、技术简单的焦化、耐火材料、烧结球团、钢铁加工及配套工程； 10. 小型、技术简单的建筑铝材、铜材加工及配套工程
II 级	工艺技术及产品结构较复杂，生产流程较长，技术含量较高的加工及冶炼工程，主要有： 1. 一般机械零部件加工及配套厂工程； 2. 造船厂、修船厂，船体加工装配、管子加工车间，3000～10000t 坞修车间、船台滑道工程； 3. 常规兵器、光学兵器、靶厂、防化器材、民用爆破器材厂工程； 4. 航空辅机厂、航空零部件厂工程； 5. 航天零部件厂工程； 6. 电子元件、材料厂工程； 7. 简单核技术及同位素应用工程； 8. 食品、制盐、酿酒、烟草、皮革毛皮、家电、塑料制品、日用硅酸盐制品工程；

等级	工 程 设 计 条 件
Ⅱ级	9. 棉、毛、丝、麻、纤维纺织厂工程； 10. 中型或者技术较复杂的林产加工工程； 11. 中型冷库、屠宰厂、制冰厂，技术较复杂的农业（粮食）与内贸加工工程； 12. <2000t 的水泥生产线，格法、压延玻璃生产线，组合炉拉丝玻璃纤维、非金属材料，空心砖、玻璃钢、耐火材料、建筑及卫生陶瓷厂工程； 13. 常规技术的焦化、耐火材料、烧结球团、钢铁冶炼、加工及配套工程； 14. 常规技术的有色冶炼、加工及配套工程
Ⅲ级	工艺技术及产品结构复杂，自动化程度高，技术含量高的加工及冶炼工程，主要有： 1. 机械主机制造厂，试验站（室）、试车台、动力站房、计量检测站、空分站，自动化立体和多层仓库工程； 2. 船舶主机厂、特机厂，船舶工业特种涂装车间，>10000t 坞修车间、船台滑道、干船坞，船模试验水池，海洋开发工程设备厂、水声设备及水中兵器厂、精密航海仪器厂工程； 3. 兵器的弹及装药、火工品、引信工程，光电、电子器件及兵器工程，坦克、装甲车、自行火炮系统的主机厂及大型装配厂工程； 4. 航空主机厂、装配厂、维修厂，航空试验测试工程； 5. 航天产品总装厂、部装厂、航天试验测试工程； 6. 微电子器件、显示器件、电子玻璃、电子终端产品生产厂，洁净度高于1000 级的洁净厂房工程； 7. 铀冶炼、铀浓缩、核燃料元（组）件厂等核加工工程； 8. 制浆造纸、日用化学制品、日用陶瓷、塑料原料、电池、感光材料、制糖、盐化工工程； 9. 印染、非织造布工程； 10. 大型林产加工厂、技术复杂或者采用新技术的林产加工工程； 11. 大型冷库、屠宰厂、制冰厂，技术复杂的农业（粮食）与内贸加工工程； 12. ≥2000t 的水泥生产线，浮法玻璃生产线，池窑拉丝玻璃纤维、特种纤维，新型建材，特种陶瓷生产线工程； 13. 技术复杂的焦化、耐火材料、烧结球团、钢铁冶炼、加工及配套工程； 14. 技术复杂的有色冶炼、加工及配套工程，稀有金属、稀土、半导体材料冶炼及加工工程

注：1. 编制钢结构施工详图，按照钢结构出厂价格的 2.5% 计算收费；
　　2. 单独委托设备的基础设计，按照设备总价的 2.5% 计算收费。

4 石油化工工程设计

4.1 石油化工工程范围

适用于石油、天然气、石油化工、化工、火化工、核化工、化学纤维和医药工程。

4.2 石油化工工程各阶段工作量比例

石油化工工程各阶段工作量比例表　　　　　　表 4.2-1

设计阶段 工程类型	初步设计 （%）	施工图设计 （%）	基础设计 （%）	详细设计 （%）
一般石油、石化、化工工程	35	65	50	50
新技术石油、石化、化工工程	50	50	60	40
火化工、核化工、化纤、医药工程	40	60	50	50
核设施退役工程	60	40	65	35

　　注：1. 新技术工程指主要工艺、设备采用新工艺、新设备、新材料、新技术的工程；
　　　　2. 基础设计是指设计内容和深度达到国际惯例或者行业规定要求，并可替代初步设计的设计。

4.3 石油化工工程复杂程度

石油化工工程复杂程度表　　　　　　表 4.3-1

等级	工程设计条件
Ⅰ级	技术一般的工程，主要包括： 1. 油气田井口装置和内部集输管线，油气计量站、接转站等场站、总容积 <50000m³ 或品种 <5 种的独立油库工程； 2. 平原微丘陵地区长距离油、气、水煤浆等各种介质的输送管道和中间场站工程； 3. 工艺过程比较简单的石化、药品、无机盐生产装置工程； 4. 石油化工工程的辅助生产设施和公用工程

等级	工 程 设 计 条 件
Ⅱ级	技术较复杂的工程，主要包括： 1. 油气田原油脱水转油站、油气水联合处理站、总容积≥50000m³ 或品种≥5 种的独立油库、天然气处理和轻烃回收厂站、三次采油回注水处理工程； 2. 山区沼泽地带长距离油、气、水煤浆等各种介质的输送管道和首站、末站、压气站、调度中心工程； 3. 常压蒸馏、减压蒸馏、叠合、脱硫、脱硫醇、凝淅油回收、电精制、化学精制、氧化沥青、石蜡成型、丁烯氧化脱氢、MDPE、丁二烯抽提、乙腈、塑料薄膜、塑料地毯、塑料编织袋生产装置工程； 4. 磷肥、农药制剂、混配肥、工艺复杂的无机盐、普通橡胶制品工程； 5. 涤纶、丙纶常规切片纺丝等一般化纤工程； 6. 医药制剂、中药、药用材料、药品包装（外包装除外）、医疗器械生产装置，医药科研、药品检测设施工程； 7. 冷冻、脱盐、联合控制室、中高压热力站、环境监测、工业监视、三级污水处理工程
Ⅲ级	技术复杂的工程，主要包括： 1. 油气田天然气液化及提氢、硫磺回收及下游装置、稠油及三次采油联合处理站、地下储气库、滩海或浅海油气田工程、石油滚动开发工程； 2. 复杂的油、气、水煤浆等各种介质的长输管道穿跨越工程； 3. 催化裂化、催化重整、加氢、制氢、常减压联合蒸馏、芳烃、MTBE、气体分馏、分子筛、脱蜡、烷基化、脱磺制硫及尾气处理、乙烯、对苯二甲酸等单体原料、合成塑料、合成橡胶、合成纤维生产装置，LPG、LNG 低温储存运输设施，重油（氧化沥青除外）、润滑油加工工程； 4. 合成氨、制酸、制碱、复合肥生产装置，火化工，子午线轮胎、胶片、精细化工、生物化学品、复杂化纤工程； 5. 放射性药品、化学合成药品、抗生素药品生产装置工程； 6. 铀转换化工、乏燃料后处理、核三废治理、核设施退役处理工程

注：增加管段图设计的，附加调整系数为 1.1。

5 水利电力工程设计

5.1 水利电力工程范围

适用于水利、发电、送电、变电、核能工程。

5.2 水利电力工程各阶段工作量比例

水利电力工程各阶段工作量比例表　　　　表 5.2-1

工程类型＼设计阶段		初步设计（%）	招标设计（%）	施工图设计（%）
核能、送电、变电工程		40		60
火电工程		30		70
水库、水电、潮汐工程		25	20	55
风电工程		45		55
引调水工程	建构筑物	25	20	55
	渠道管线	45	20	35
河道治理工程	建构筑物	25	20	55
	河道堤防	55	10	35
灌区田间工程		60		40
水土保持工程		70	10	20

5.3 水利电力工程复杂程度

5.3.1 电力、核能、水库工程

电力、核能、水库工程复杂程度表　　　　表 5.3-1

等级	工程设计条件
Ⅰ级	1. 新建 4 台以上同容量凝汽式机组发电工程，燃气轮机发电工程； 2. 电压等级 110kV 及以下的送电、变电工程； 3. 设计复杂程度赋分值之和 ≤ -20 的水库和水电工程

等级	工 程 设 计 条 件
Ⅱ级	1. 新建或扩建 2～4 台单机容量 50MW 以上凝汽式机组及 50MW 及以下供热机组发电工程； 2. 电压等级 220kV、330kV 的送电、变电工程； 3. 设计复杂程度赋分值之和为 –20～20 的水库和水电工程
Ⅲ级	1. 新建一台机组的发电工程，一次建设两种不同容量机组的发电工程，新建 2～4 台单机容量 50MW 以上供热机组发电工程，新能源发电工程（风电、潮汐等）； 2. 电压等级 500kV 送电、变电、换流站工程； 3. 核电工程、核反应堆工程； 4. 设计复杂程度赋分值之和 ≥20 的水库和水电工程

注：1. 水电工程可行性研究与初步设计阶段合并的，设计总工作量附加调整系数为 1.1；
  2. 水库和水电工程计费额包括水库淹没区处理补偿费和施工辅助工程费。

5.3.2 其他水利工程

其他水利工程复杂程度表 表 5.3 – 2

等级	工 程 设 计 条 件
Ⅰ级	1. 丘陵、山区、沙漠地区的建筑物投资之和与建设项目中所有建筑物投资之和的比例 <30% 的引调水建筑物工程； 2. 丘陵、山区、沙漠地区渠道管线长度之和与建设项目中所有渠道管线长度之和的比例 <30% 的引调水渠道管线工程； 3. 堤防等级 Ⅴ级的河道治理建（构）筑物及河道堤防工程； 4. 灌区田间工程； 5. 水土保持工程
Ⅱ级	1. 丘陵、山区、沙漠地区的建筑物投资之和与建设项目中所有建筑物投资之和的比例在 30%～60% 的引调水建筑物工程； 2. 丘陵、山区、沙漠地区渠道管线长度之和与建设项目中所有渠道管线长度之和的比例在 30%～60% 的引调水渠道管线工程； 3. 堤防等级 Ⅲ、Ⅳ级的河道治理建（构）筑物及河道堤防工程

续表 5.3 – 2

等级	工 程 设 计 条 件
Ⅲ级	1. 丘陵、山区、沙漠地区的建筑物投资之和与建设项目中所有建筑物投资之和的比例 >60% 的引调水建筑物工程； 2. 丘陵、山区、沙漠地区管线长度之和与建设项目中所有渠道管线长度之和的比例 >60% 的引调水渠道管线工程； 3. 堤防等级Ⅰ、Ⅱ级的河道治理建（构）筑物及河道堤防工程； 4. 护岸、防波堤、围堰、人工岛、围垦工程，城镇防洪、河口整治工程

注：引调水渠道或管线、河道堤防工程附加调整系数为 0.85；灌区田间工程附加调整系数为 0.25；水土保持工程附加调整系数为 0.7；河道治理及引调水工程建筑物、构筑物工程附加调整系数为 1.3。

5.4 水库和水电工程复杂程度赋分

水库和水电工程复杂程度赋分表　　　表 5.4 – 1

项目	工 程 设 计 条 件	赋分值
枢纽布置方案比较	一个坝址或一条坝线方案	–10
	两个坝址或两条坝线方案	5
	三个坝址或三条坝线方案	10
建筑物	有副坝	–1
	土石坝、常规重力坝	2
	有地下洞室	6
	两种坝型或两种厂型	7
	新坝型，拱坝、混凝土面板堆石坝、碾压混凝土坝	7
综合利用	防洪、发电、灌溉、供水、航运、减淤、养殖具备一项	–6
	防洪、发电、灌溉、供水、航运、减淤、养殖具备两项	1
	防洪、发电、灌溉、供水、航运、减淤、养殖具备三项	2
	防洪、发电、灌溉、供水、航运、减淤、养殖具备四项	4
	防洪、发电、灌溉、供水、航运、减淤、养殖具备五项及以上	6

项目	工 程 设 计 条 件	赋分值
环保	环保要求简单	-3
	环保要求一般	1
	环保有特殊要求	3
泥沙	少泥沙河流	-4
	多泥沙河流	5
冰凌	有冰凌问题	5
主坝坝高	坝高 <30m	-4
	坝高 30~50m	1
	坝高 51~70m	2
	坝高 71~150m	4
	坝高 >150m	6
地震设防	地震设防烈度 ≥7 度	4
基础处理	简单：地质条件好或不需进行地基处理	-4
	中等：按常规进行地基处理	1
	复杂：地质条件复杂，需进行特殊地基处理	4
下泄流量	窄河谷坝高在 70m 以上、下泄流量 25000m³/s 以上	4
地理位置	地处深山峡谷，交通困难、远离居民点、生活物资供应困难	3

6 交通运输工程设计

6.1 交通运输工程范围

适用于铁路、公路、水运、城市交通、民用机场、索道工程。

6.2 交通运输工程各阶段工作量比例

交通运输工程各阶段工作量比例表　　表 6.2 - 1

设计阶段 工程类型		初步设计 （%）	施工图设计 （%）
公路工程		45	55
水运、索道工程		40	60
城市交通工程	城市道路	45	55
	地铁、轻轨	45	55
民用机场工程		45	55

6.3 交通运输工程复杂程度

6.3.1 公路、城市道路、轨道交通、索道工程

公路、城市道路、轨道交通、索道工程复杂程度表　　表 6.3 - 1

等级	工 程 设 计 条 件
Ⅰ级	1. 三级、四级公路及交通安全设施、道班房工程
Ⅱ级	1. 二级公路及交通安全设施、收费系统及管理养护服务设施工程； 2. 城市街区道路、次干路工程
Ⅲ级	1. 高速公路、一级公路工程； 2. 高速公路、一级公路的交通安全设施、监控系统、通信系统、收费系统及管理养护、服务设施工程； 3. 城市主干路、快速路、城市地铁、轻轨、广场、停车场工程； 4. 客（货）运索道工程

注：Ⅰ级工程附加调整系数为 1.89；Ⅲ级工程中"序号 1"高速公路、一级公路工程附加调整系数为 0.61。

6.3.2　公路和城市桥梁、隧道工程

公路和城市桥梁、隧道工程复杂程度表　　　　表 6.3 - 2

等级	工 程 设 计 条 件
Ⅰ级	1．总长 <1000m，水深 <15m，单孔跨径为 30～50m 的预应力混凝土简支梁，30～50m 的预应力混凝土连续箱梁等大桥工程； 2．地质构造简单，长度 <500m 的隧道工程
Ⅱ级	1．总长 >1000m，水深 >15m，单孔跨径为 30～50m 的预应力混凝土简支梁，30～100m 的预应力混凝土连续箱梁等大桥工程； 2．地质构造简单，长度在 500～1000m 的隧道工程； 3．城市立交桥、人行天桥、地下通道、涵洞工程
Ⅲ级	1．总长 >1000m，水深 >15m，单孔跨径为 >250m 的预应力混凝土连续结构和钢筋混凝土拱桥，跨度 400～1000m 的斜拉桥，800～1500m 的悬索桥等大桥工程； 2．地质构造复杂，长度 >1000m 的隧道工程； 3．全苜蓿叶型、双喇叭型、枢纽型等各类独立的互通式立体交叉工程

注：1．公路桥梁、隧道工程附加调整系数，Ⅰ级工程为 2.0，Ⅲ级工程为 0.7；
　　2．城市道路、桥梁、隧道通过地下管网密集区的，附加调整系数为 1.1。

6.3.3　水运工程

水运工程复杂程度表　　　　表 6.3 - 3

等级	工 程 设 计 条 件
Ⅰ级	1．<1000t 级的码头工程； 2．<300t 级的船闸工程，<100t 级的升船机工程； 3．内河 <300t 级和沿海 <5000t 级的航道工程； 4．各类疏浚、吹填、造陆工程
Ⅱ级	1．1000～10000t 级的码头工程； 2．<1000t 级的渔业、油、汽、危险品码头工程； 3．300～1000t 级的船闸工程，100～500t 级的升船机工程； 4．内河 300～1000t 和沿海 5000～30000t 级的航道工程
Ⅲ级	1．>10000t 级的码头工程； 2．≥1000t 级的渔业、油、气、危险品码头工程； 3．离岸孤立建筑物、单点（多点）系泊工程与开敞式码头工程； 4．>1000t 级的船闸工程，>500t 级的升船机工程； 5．内河 >1000t 级和沿海 >30000t 级的航道工程； 6．各类水上交通管制工程

6.3.4 民用机场工程

民用机场工程复杂程度表　　　　　表6.3-4

等级	工程设计条件	
	场道及空中交通管制工程	助航灯光工程
Ⅰ级	3C 及以下	Ⅰ类及以下
Ⅱ级	4D、4C	Ⅱ类
Ⅲ级	4E 及以上	Ⅲ类

注：1. 工程项目设计技术条件划分标准见《民用机场飞行区技术标准》；

2. 民用机场总体规划设计费，根据工程规模和复杂程度在15万~150万元区间内计算收费。

6.4 铁路工程设计收费

铁路的线路、电气化和通信信号工程采取实物工作量定额计费方法计算收费，铁路的枢纽、特大桥、长隧道工程采取按照投资额百分比计费方法计算收费。

6.4.1 铁路工程设计收费基价

铁路工程设计收费基价表　　　　　表6.4-1

工程类型	复杂程度	计费单位	初步设计（万元）	施工图设计（万元）
新建单线非电气化铁路工程	Ⅰ	正线公里	1.86	2.34
	Ⅱ		1.95	2.44
	Ⅲ		2.58	3.23
	Ⅳ		3.26	4.07
	Ⅴ		4.05	5.08
单线铁路电气化工程		电气化公里	0.52	0.64
单线铁路通信信号工程		电务公里	0.45	0.54

注：1. 工程设计复杂程度与工程勘察复杂程度相同；

2. 新建非电气化双线铁路，按照新建单线非电气化铁路工程设计收费基价乘以1.2的系数计算收费，非电气化铁路增建第二线，按照新建单线非电气化铁路工程设计收费基价乘以1.1的系数计算收费；

3. 非电气化铁路技术改造，根据设计内容和工作量，按照新建单线非电气化铁路工程设计收费基价乘以 0.6 ~ 1.0 的系数计算收费；

4. 新建双线铁路电气化及增建二线电气化，按照单线铁路电气化工程设计收费基价乘以 1.5 的系数计算收费，防干扰设计（初步设计和施工图设计）按每电气化公里 1040 元计算收费；

5. 新建单线、双线、增建二线、既有线改造，同时进行电气化设计且由一个设计人设计的，设计收费 = 相应的线路设计收费 + 相应的电气化设计收费 × 0.8；

6. 既有铁路现状电气化设计（包括电气化设计及引起的土建改造）且由一个设计人设计的，设计收费 = 相应的线路设计收费 × 0.6 + 相应的电气化设计收费 × 0.8；

7. 时速 160 ~ 200km 的客运专线（双线）设计，按照新建单线电气化铁路设计收费乘以 1.3 的系数计算收费，电气化部分单独委托设计的，按照双线铁路电气化工程设计收费基价乘以 1.1 的系数计算收费；

8. 新建、改建铁路引起支线、专用线改建部分，按照相应线路设计收费乘以 0.6 的系数计算收费；

9. 线路设计长度 < 30km，碴场专用线设计 < 5km 的，按照相应线路设计收费乘以 1.5 的系数计算收费；

10. 单独委托新建双线及增建二线铁路通信信号设计的，按照单线铁路通信信号工程设计收费基价乘以 1.5 的系数计算收费；

11. 单独委托线路通信信号设计的，其线路设计收费乘以 0.92 的系数计算收费；

12. 铁路工程简化设计阶段的，大中型建设项目乘以 0.85 的系数计算设计收费，小型建设项目按照总则 1.0.8 规定的计费额，乘以 2.5% 的收费率计算收费；

13. 青海、新疆地区铁路设计，乘以 1.1 的系数计算收费。自然条件特别恶劣地区的设计，由发包人和设计人协商确定收费；

14. 铁路大中型建设项目提供设计文件的份数，按照规定执行。

6.4.2 铁路枢纽、特大桥、长隧道工程设计收费率

铁路枢纽、特大桥、长隧道工程设计收费率表　表 6.4 - 2

设计阶段	初步设计	施工图设计
费率（%）	0.58	0.72

注：1. 铁路枢纽、单独委托特大桥、长隧道设计的，按照本表计算收费，其中双线特大桥、长隧道按照本表乘以 0.8 的系数计算收费；

2. 本表设计收费的计费额，按照总则 1.0.8 的规定执行；

3. 枢纽中线路（包括有中间站的环线）长度 > 10km 的，按照本章 6.4.1 "铁路工程设计收费基价" 的规定计算收费；

4. 按照本表收费的枢纽、特大桥、长隧道，线路工程设计收费应当扣除其相应的长度。

7 建筑市政工程设计

7.1 建筑市政工程范围

适用于建筑、人防、市政公用、园林绿化、电信、广播电视、邮政工程。

7.2 建筑市政工程各阶段工作量比例

建筑市政工程各阶段工作量比例表　　　　表7.2-1

设计阶段 工程类型		方案设计 （%）	初步设计 （%）	施工图设计 （%）
建筑与室外工程	Ⅰ级	10	30	60
	Ⅱ级	15	30	55
	Ⅲ级	20	30	50
住宅小区（组团）工程		25	30	45
住宅工程		25		75
古建筑保护性建筑工程		30	20	50
智能建筑弱电系统工程			40	60
室内装修工程		50		50
园林绿化工程	Ⅰ、Ⅱ级	30		70
	Ⅲ级	30	20	50
人防工程		10	40	50
市政公用工程	Ⅰ、Ⅱ级		40	60
	Ⅲ级		50	50
广播电视、邮政工程工艺部分			40	60
电信工程			60	40
建筑工程专业	建筑	35~43		
	结构	24~30		
	设备	28~38		

注：提供两个以上建筑设计方案，且达到规定内容和深度要求的，从第二个设计方案起，每个方案按照方案设计费的50%另收方案设计费。

7.3 建筑市政工程复杂程度

7.3.1 建筑、人防工程

建筑、人防工程复杂程度表　　　　　　　表 7.3 – 1

等级	工 程 设 计 条 件
Ⅰ级	1. 功能单一、技术要求简单的小型公共建筑工程； 2. 高度 <24m 的一般公共建筑工程； 3. 小型仓储建筑工程； 4. 简单的设备用房及其他配套用房工程； 5. 简单的建筑环境设计及室外工程； 6. 相当于一星级饭店及以下标准的室内装修工程； 7. 人防疏散干道、支干道及人防连接通道等人防配套工程
Ⅱ级	1. 大中型公共建筑工程； 2. 技术要求较复杂或有地区性意义的小型公共建筑工程； 3. 高度 24～50m 的一般公共建筑工程； 4. 20 层及以下一般标准的居住建筑工程； 5. 仿古建筑、一般标准的古建筑、保护性建筑以及地下建筑工程； 6. 大中型仓储建筑工程； 7. 一般标准的建筑环境设计和室外工程； 8. 相当于二、三星级饭店标准的室内装修工程； 9. 防护级别为四级及以下同时建筑面积 <10000m² 的人防工程
Ⅲ级	1. 高级大型公共建筑工程； 2. 技术要求复杂或具有经济、文化、历史等意义的省（市）级中小型公共建筑工程； 3. 高度 >50m 的公共建筑工程； 4. 20 层以上居住建筑和 20 层及以下高标准居住建筑工程； 5. 高标准的古建筑、保护性建筑和地下建筑工程； 6. 高标准的建筑环境设计和室外工程； 7. 相当于四、五星级饭店标准的室内装修，特殊声学装修工程； 8. 防护级别为三级以上或者建筑面积 ≥10000m² 的人防工程

注：1. 大型建筑工程指 20001m² 以上的建筑，中型指 5001～20000m² 的建筑，小型指 5000m² 以下的建筑；
　　2. 古建筑、仿古建筑、保护性建筑等，根据具体情况，附加调整系数为 1.3～1.6；
　　3. 智能建筑弱电系统设计，以弱电系统的设计概算为计费额，附加调整系数为 1.3；
　　4. 室内装修设计，以室内装修的设计概算为计费额，附加调整系数为 1.5；
　　5. 特殊声学装修设计，以声学装修的设计概算为计费额，附加调整系数为 2.0；
　　6. 建筑总平面布置或者小区规划设计，根据工程的复杂程度，按照每 10000～20000 元/ha 计算收费。

7.3.2 园林绿化工程

园林绿化工程复杂程度表 表 7.3－2

等级	工程设计条件
Ⅰ级	1. 一般标准的道路绿化工程； 2. 片林、风景林等工程
Ⅱ级	1. 标准较高的道路绿化工程； 2. 一般标准的风景区、公共建筑环境、企事业单位与居住区的绿化工程
Ⅲ级	1. 高标准的城市重点道路绿化工程； 2. 高标准的风景区、公共建筑环境、企事业单位与居住区的绿化工程； 3. 公园、度假村、高尔夫球场、广场、街心花园、园林小品、屋顶花园、室内花园等绿化工程

7.3.3 市政公用工程

市政公用工程复杂程度表 表 7.3－3

等级	工程设计条件
Ⅰ级	1. 庭院户内燃气管道工程； 2. 一般给排水地下管线（DN＜1.0m，无管线交叉）工程； 3. 小型垃圾中转站，简易堆肥工程； 4. 供热小区管网（二级网）工程
Ⅱ级	1. 城市调压站，瓶组站，＜5000 户气化站、混气站，＜500m³ 储配站工程； 2. 城区给排水管线，一般地下管线（DN＜1.0m，有管线交叉），＜1 m³/s 加压泵站，简单构筑物工程； 3. ＞100t/天的大型垃圾中转站，垃圾填埋场、机械化快速堆肥工程； 4. ≤2MW 的小型换热站工程
Ⅲ级	1. 城市超高压调压站，市内管线及加压站，穿、跨越管网，≥5000 户气化站、混气站，≥500m³ 储配站、门站、气源厂、加气站工程； 2. 大型复杂给排水管线，市政管网，大型泵站、水闸等构筑物，净水厂，污水处理厂工程； 3. 垃圾系统工程及综合处理与利用、焚烧工程； 4. 锅炉房，穿、跨越供热管网，＞2MW 换热站工程； 5. 海底排污管线，海水取排水、淡化及水处理工程

7.3.4 广播电视、邮政、电信工程

广播电视、邮政、电信工程复杂程度表 表 7.3－4

等级	工 程 设 计 条 件
Ⅰ级	1. 广播电视中心设备（广播 1 套，电视 1～2 套）工程； 2. 中波发射台设备（单机功率 P≤1kW）工程； 3. 短波发射台设备（单机功率 P≤50kW）工程； 4. 电视、调频发射塔（台）设备（单机功率 P≤1kW）工程； 5. 广播电视收测台设备工程； 6. 三级邮件处理中心工艺工程； 7. 简单的电信工程
Ⅱ级	1. 广播电视中心设备（广播 2～3 套，电视 3～5 套）工程； 2. 中波发射台设备（单机功率 1kW＜P≤20kW）工程； 3. 短波发射台设备（单机功率 50kW＜P≤150kW）工程； 4. 电视、调频发射塔（台）设备（单机功率 1kW＜P≤10kW，塔高＜200m）工程； 5. 广播电视传输网络工程； 6. 二级邮件处理中心及各类转运站工艺工程； 7. 较复杂的电信工程
Ⅲ级	1. 广播电视中心设备（广播 4 套以上，电视 6 套以上）工程； 2. 中波发射台设备（单机功率 P＞20kW）工程； 3. 短波发射台设备（单机功率 P＞150kW）工程； 4. 电视、调频发射塔（台）设备（单机功率 P＞10kW，塔高≥200m）工程； 5. 电声设备、演播厅、录（播）音馆、摄影棚设备工程； 6. 广播电视卫星地球站、微波站设备工程； 7. 广播电视光缆、电缆节目传输工程； 8. 一级邮件处理中心工艺工程； 9. 复杂的电信工程

8 农业林业工程设计

8.1 农业林业工程范围

适用于农业、林业工程。

8.2 农业林业工程各阶段工作量比例

农业林业工程各阶段工作量比例表 表 8.2－1

工程类型	设 计 阶 段	初步设计（%）	施工图设计（%）
农业	综合开发、畜牧养殖、水产养殖、设施农业工程	40	60
	生态工程	100	
林业	林木种子园、森林防火、病虫害防治工程	80	20
	造林、营林工程	70	30
	标准化苗圃、花卉基地、植物园、自然保护区、森林公园、生态观光园、林业局（场）总体设计、野生动物园、濒危野生动植物保护工程	60	40
	综合开发与科技园区工程	50	50
	木材运输、贮木场工程	30	70

8.3 农业林业工程复杂程度

农业林业工程复杂程度表 表 8.3－1

等级	工 程 设 计 条 件
Ⅰ级	1. 平原区高差 <5m 或坡降 <1/500、土壤水文地质条件一般的农业综合开发工程； 2. 机械化程度较低、环境控制简单的畜牧场工程； 3. 地形与水文条件简单、给排水系统简易的水产养殖工程；

等级	工 程 设 计 条 件
Ⅰ 级	4. 生态农业工程、旱作农业工程，草原三化治理工程； 5. 高差 <500m 的丘陵地区、林区边缘距公路或铁路 <20km，总面积 <150000ha、设计年产量 <100000m³ 的林场的林业局（场）总体设计、木材运输和贮木场工程； 6. 规模较小、技术难度小的其他林业工程
Ⅱ 级	1. 丘陵地区高差 5 ~50m 或坡降 1/500 ~1/100、土壤水文地质条件较差的农业综合开发工程； 2. 饲养管理、环境控制半自动化的畜牧场工程； 3. 地形与水文条件及给排水系统复杂、有人工孵化、温室育苗等设施的水产养殖工程； 4. 一般生产型温室及农业设施工程； 5. 高差在 500 ~1000m 的山区、林区边缘距公路或铁路 20 ~30km、总面积为 150000 ~350000ha、设计年产量为 100000 ~300000m³ 的林业局（场）总体设计、木材运输和贮木场工程； 6. 规模中等、技术难度较大、工作环境较差的其他林业工程
Ⅲ 级	1. 山区高差 >50m 或坡降 >1/100、土壤水文地质条件差的农业综合开发工程； 2. 饲养管理、环境控制全自动化或采用新工艺新技术的畜牧场工程； 3. 采用工厂化养殖、水循环回用、自动化程度高的水产养殖工程； 4. 较复杂的科研或观光型温室及农业设施工程； 5. 高差 >1000m 的高山地区、林区边缘距公路或铁路 >30km，总面积 >350000ha、年产量 >300000m³ 的林业局（场）总体设计、木材运输和贮木场工程； 6. 规模较大、技术复杂、工作环境差或有特殊工艺要求的其他林业工程

9 附　表

附表一：工程设计收费基价表　　　　　单位：万元

序　号	计　费　额	收　费　基　价
1	200	9.0
2	500	20.9
3	1000	38.8
4	3000	103.8
5	5000	163.9
6	8000	249.6
7	10000	304.8
8	20000	566.8
9	40000	1054.0
10	60000	1515.2
11	80000	1960.1
12	100000	2393.4
13	200000	4450.8
14	400000	8276.7
15	600000	11897.5
16	800000	15391.4
17	1000000	18793.8
18	2000000	34948.9

注：计费额>2000000万元的，以计费额乘以1.6%的收费率计算收费基价。

附表二：工程设计收费专业调整系数表

工 程 类 型	专业调整系数
1. 矿山采选工程	
黑色、黄金、化学、非金属及其他矿采选工程	1.1
采煤工程，有色、铀矿采选工程	1.2
选煤及其他煤炭工程	1.3
2. 加工冶炼工程	
各类冷加工工程	1.0
船舶水工工程	1.1
各类冶炼、热加工、压力加工工程	1.2
核加工工程	1.3
3. 石油化工工程	
石油、化工、石化、化纤、医药工程	1.2
核化工工程	1.6
4. 水利电力工程	
风力发电、其他水利工程	0.8
火电工程	1.0
核电常规岛、水电、水库、送变电工程	1.2
核能工程	1.6
5. 交通运输工程	
机场场道工程	0.8
公路、城市道路工程	0.9
机场空管和助航灯光、轻轨工程	1.0
水运、地铁、桥梁、隧道工程	1.1
索道工程	1.3
6. 建筑市政工程	
邮政工艺工程	0.8
建筑、市政、电信工程	1.0
人防、园林绿化、广电工艺工程	1.1
7. 农业林业工程	
农业工程	0.9
林业工程	0.8

附表三：非标准设备设计费率表

类别	非标准设备分类	费率（%）
一般	技术一般的非标准设备，主要包括： 1. 单体设备类：槽、罐、池、箱、斗、架、台，常压容器、换热器、铅烟除尘、恒温油浴及无传动的简单装置； 2. 室类：红外线干燥室、热风循环干燥室、浸漆干燥室、套管干燥室、极板干燥室、隧道式干燥室、蒸汽硬化室、油漆干燥室、木材干燥室	10～13
较复杂	技术较复杂的非标准设备，主要包括： 1. 室类：喷砂室、静电喷漆室； 2. 窑类：隧道窑、倒焰窑、抽屉窑、蒸笼窑、辊道窑； 3. 炉类：冷、热风冲天炉、加热炉、反射炉、退火炉、淬火炉、锻烧炉、坩锅炉、氢气炉、石墨化炉、室式加热炉、砂芯烘干炉、干燥炉、亚胺化炉、还氧铅炉、真空热处理炉、气氛炉、空气循环炉、电炉； 4. 塔器类：Ⅰ、Ⅱ类压力容器、换热器、通信铁塔； 5. 自动控制类：屏、柜、台、箱等电控、仪控设备，电力拖动、热工调节设备； 6. 通用类：余热利用、精铸、热工、除渣、喷煤、喷粉设备、压力加工、钣材、型材加工设备，喷丸强化机、清洗机； 7. 水工类：浮船坞、坞门、闸门、船舶下水设备、升船机设备； 8. 试验类：航空发动机试车台、中小型模拟试验设备	13～16
复杂	技术复杂的非标准设备，主要包括： 1. 室类：屏蔽室、屏蔽暗室； 2. 窑类：熔窑、成型窑、退火窑、回转窑； 3. 炉类：闪速炉、专用电炉、单晶炉、多晶炉、沸腾炉、反应炉、裂解炉、大型复杂的热处理炉、炉外真空精炼设备； 4. 塔器类：Ⅲ类压力容器、反应釜、真空罐、发酵罐、喷雾干燥塔、低温冷冻、高温高压设备、核承压设备及容器、广播电视塔桅杆、天馈线设备； 5. 通用类：组合机床、数控机床、精密机床、专用机床、特种起重机、特种升降机、高货位立体仓贮设备、胶接固化装置、电镀设备，自动、半自动生产线； 6. 环保类：环境污染防治、消烟除尘、回收装置； 7. 试验类：大型模拟试验设备、风洞高空台、模拟环境试验设备	16～20

注：1. 新研制并首次投入工业化生产的非标准设备，乘以1.3的调整系数计算收费；
　　2. 多台（套）相同的非标准设备，自第二台（套）起乘以0.3的调整系数计算收费。

附　录

中华人民共和国价格法

（1997 年 12 月 29 日第八届全国人民代表大会常务委员会
第二十九次会议通过　中华人民共和国主席令第九十二号公布）

第一章　总　　则

第一条　为了规范价格行为，发挥价格合理配置资源的作用，稳定市场价格总水平，保护消费者和经营者的合法权益，促进社会主义市场经济健康发展，制定本法。

第二条　在中华人民共和国境内发生的价格行为，适用本法。

本法所称价格包括商品价格和服务价格。

商品价格是指各类有形产品和无形资产的价格。

服务价格是指各类有偿服务的收费。

第三条　国家实行并逐步完善宏观经济调控下主要由市场形成价格的机制。价格的制定应当符合价值规律，大多数商品和服务价格实行市场调节价，极少数商品和服务价格实行政府指导价或者政府定价。

市场调节价，是指由经营者自主制定，通过市场竞争形成的价格。

本法所称经营者是指从事生产、经营商品或者提供有偿服务的法人、其他组织和个人。

政府指导价，是指依照本法规定，由政府价格主管部门或者其他有关部门，按照定价权限和范围规定基准价及其浮动幅度，指导经营者制定的价格。

政府定价，是指依照本法规定，由政府价格主管部门或者其他有关部门，按照定价权限和范围制定的价格。

第四条　国家支持和促进公平、公开、合法的市场竞争，维护正常的价格秩序，对价格活动实行管理、监督和必要的调控。

第五条　国务院价格主管部门统一负责全国的价格工作。国务院其他有关部门在各自的职责范围内，负责有关的价格工作。

县级以上地方各级人民政府价格主管部门负责本行政区域内的价格工作。县级以上地方各级人民政府其他有关部门在各自的职责范围内，负责有关的价格工作。

第二章　经营者的价格行为

第六条　商品价格和服务价格，除依照本法第十八条规定适用政府指导价或者政府定价外，实行市场调节价，由经营者依照本法自主制定。

第七条　经营者定价，应当遵循公平、合法和诚实信用的原则。

第八条　经营者定价的基本依据是生产经营成本和市场供求状况。

第九条 经营者应当努力改进生产经营管理，降低生产经营成本，为消费者提供价格合理的商品和服务，并在市场竞争中获取合法利润。

第十条 经营者应当根据其经营条件建立、健全内部价格管理制度，准确记录与核定商品和服务的生产经营成本，不得弄虚作假。

第十一条 经营者进行价格活动，享有下列权利：

（一）自主制定属于市场调节的价格；

（二）在政府指导价规定的幅度内制定价格；

（三）制定属于政府指导价、政府定价产品范围内的新产品的试销价格，特定产品除外；

（四）检举、控告侵犯其依法自主定价权利的行为。

第十二条 经营者进行价格活动，应当遵守法律、法规，执行依法制定的政府指导价、政府定价和法定的价格干预措施、紧急措施。

第十三条 经营者销售、收购商品和提供服务，应当按照政府价格主管部门的规定明码标价，注明商品的品名、产地、规格、等级、计价单位、价格或者服务的项目、收费标准等有关情况。

经营者不得在标价之外加价出售商品，不得收取任何未予标明的费用。

第十四条 经营者不得有下列不正当价格行为：

（一）相互串通，操纵市场价格，损害其他经营者或者消费者的合法权益；

（二）在依法降价处理鲜活商品、季节性商品、积压商品等商品外，为了排挤竞争对手或者独占市场，以低于成本的价格倾销，扰乱正常的生产经营秩序，损害国家利益或者其他经营者的合法权益；

（三）捏造、散布涨价信息，哄抬价格，推动商品价格过高上涨的；

（四）利用虚假的或者使人误解的价格手段，诱骗消费者或者其他经营者与其进行交易；

（五）提供相同商品或者服务，对具有同等交易条件的其他经营者实行价格歧视；

（六）采取抬高等级或者压低等级等手段收购、销售商品或者提供服务，变相提高或者压低价格；

（七）违反法律、法规的规定牟取暴利；

（八）法律、行政法规禁止的其他不正当价格行为。

第十五条 各类中介机构提供有偿服务收取费用，应当遵守本法的规定。法律另有规定的，按照有关规定执行。

第十六条 经营者销售进口商品、收购出口商品，应当遵守本章的有关规定，维护国内市场秩序。

第十七条 行业组织应当遵守价格法律、法规，加强价格自律，接受政府价格主管部门的工作指导。

第三章　政府的定价行为

第十八条　下列商品和服务价格，政府在必要时可以实行政府指导价或者政府定价：

（一）与国民经济发展和人民生活关系重大的极少数商品价格；

（二）资源稀缺的少数商品价格；

（三）自然垄断经营的商品价格；

（四）重要的公用事业价格；

（五）重要的公益性服务价格。

第十九条　政府指导价、政府定价的定价权限和具体适用范围，以中央的和地方的定价目录为依据。

中央定价目录由国务院价格主管部门制定、修订，报国务院批准后公布。

地方定价目录由省、自治区、直辖市人民政府价格主管部门按照中央定价目录规定的定价权限和具体适用范围制定，经本级人民政府审核同意，报国务院价格主管部门审定后公布。

省、自治区、直辖市人民政府以下各级地方人民政府不得制定定价目录。

第二十条　国务院价格主管部门和其他有关部门，按照中央定价目录规定的定价权限和具体适用范围制定政府指导价、政府定价；其中重要的商品和服务价格的政府指导价、政府定价，应当按照规定经国务院批准。

省、自治区、直辖市人民政府价格主管部门和其他有关部门，应当按照地方定价目录规定的定价权限和具体适用范围制定在本地区执行的政府指导价、政府定价。

市、县人民政府可以根据省、自治区、直辖市人民政府的授权，按照地方定价目录规定的定价权限和具体适用范围制定在本地区执行的政府指导价、政府定价。

第二十一条　制定政府指导价、政府定价，应当依据有关商品或者服务的社会平均成本和市场供求状况、国民经济与社会发展要求以及社会承受能力，实行合理的购销差价、批零差价、地区差价和季节差价。

第二十二条　政府价格主管部门和其他有关部门制定政府指导价、政府定价，应当开展价格、成本调查，听取消费者、经营者和有关方面的意见。

政府价格主管部门开展对政府指导价、政府定价的价格、成本调查时，有关单位应当如实反映情况，提供必需的账簿、文件以及其他资料。

第二十三条　制定关系群众切身利益的公用事业价格、公益性服务价格、自然垄断经营的商品价格等政府指导价、政府定价，应当建立听证会制度，由政府价格主管部门主持，征求消费者、经营者和有关方面的意见，论证其必要性、可行性。

第二十四条　政府指导价、政府定价制定后，由制定价格的部门向消费者、经营者公布。

第二十五条　政府指导价、政府定价的具体适用范围、价格水平，应当根据经济运行情况，按照规定的定价权限和程序适时调整。

消费者、经营者可以对政府指导价、政府定价提出调整建议。

第四章　价格总水平调控

第二十六条　稳定市场价格总水平是国家重要的宏观经济政策目标。国家根据国民经济发展的需要和社会承受能力，确定市场价格总水平调控目标，列入国民经济和社会发展计划，并综合运用货币、财政、投资、进出口等方面的政策和措施，予以实现。

第二十七条　政府可以建立重要商品储备制度，设立价格调节基金，调控价格，稳定市场。

第二十八条　为适应价格调控和管理的需要，政府价格主管部门应当建立价格监测制度，对重要商品、服务价格的变动进行监测。

第二十九条　政府在粮食等重要农产品的市场购买价格过低时，可以在收购中实行保护价格，并采取相应的经济措施保证其实现。

第三十条　当重要商品和服务价格显著上涨或者有可能显著上涨，国务院和省、自治区、直辖市人民政府可以对部分价格采取限定差价率或者利润率、规定限价、实行提价申报制度和调价备案制度等干预措施。

省、自治区、直辖市人民政府采取前款规定的干预措施，应当报国务院备案。

第三十一条　当市场价格总水平出现剧烈波动等异常状态时，国务院可以在全国范围内或者部分区域内采取临时集中定价权限、部分或者全面冻结价格的紧急措施。

第三十二条　依照本法第三十条、第三十一条的规定实行干预措施、紧急措施的情形消除后，应当及时解除干预措施、紧急措施。

第五章　价格监督检查

第三十三条　县级以上各级人民政府价格主管部门，依法对价格活动进行监督检查，并依照本法的规定对价格违法行为实施行政处罚。

第三十四条　政府价格主管部门进行价格监督检查时，可以行使下列职权：

（一）询问当事人或者有关人员，并要求其提供证明材料和与价格违法行为有关的其他资料；

（二）查询、复制与价格违法行为有关的账簿、单据、凭证、文件及其他资料，核对与价格违法行为有关的银行资料；

（三）检查与价格违法行为有关的财物，必要时可以责令当事人暂停相关营业；

（四）在证据可能灭失或者以后难以取得的情况下，可以依法先行登记保存，当事人或者有关人员不得转移、隐匿或者销毁。

第三十五条　经营者接受政府价格主管部门的监督检查时，应当如实提供价格监督检查所必需的账簿、单据、凭证、文件以及其他资料。

第三十六条　政府部门价格工作人员不得将依法取得的资料或者了解的情况用于依法进行价格管理以外的任何其他目的，不得泄露当事人的商业秘密。

第三十七条　消费者组织、职工价格监督组织、居民委员会、村民委员会等组织以及消费者，有权对价格行为进行社会监督。政府价格主管部门应当充分发挥群众的价格监督作用。

新闻单位有权进行价格舆论监督。

第三十八条　政府价格主管部门应当建立对价格违法行为的举报制度。

任何单位和个人均有权对价格违法行为进行举报。政府价格主管部门应当对举报者给予鼓励，并负责为举报者保密。

第六章　法　律　责　任

第三十九条　经营者不执行政府指导价、政府定价以及法定的价格干预措施、紧急措施的，责令改正，没收违法所得，可以并处违法所得 5 倍以下的罚款；没有违法所得的，可以处以罚款；情节严重的，责令停业整顿。

第四十条　经营者有本法第十四条所列行为之一的，责令改正，没收违法所得，可以并处违法所得 5 倍以下的罚款；没有违法所得的，予以警告，可以并处罚款；情节严重的，责令停业整顿，或者由工商行政管理机关吊销营业执照。有关法律对本法第十四条所列行为的处罚及处罚机关另有规定的，可以依照有关法律的规定执行。

有本法第十四条第（一）项、第（二）项所列行为，属于是全国性的，由国务院价格主管部门认定；属于是省及省以下区域性的，由省、自治区、直辖市人民政府价格主管部门认定。

第四十一条　经营者因价格违法行为致使消费者或者其他经营者多付价款的，应当退还多付部分；造成损害的，应当依法承担赔偿责任。

第四十二条　经营者违反明码标价规定的，责令改正，没收违法所得，可以并处 5000 元以下的罚款。

第四十三条　经营者被责令暂停相关营业而不停止的，或者转移、隐匿、销毁依法登记保存的财物的，处相关营业所得或者转移、隐匿、销毁的财物价值 1 倍以上 3 倍以下的罚款。

第四十四条　拒绝按照规定提供监督检查所需资料或者提供虚假资料的，责令改正，予以警告；逾期不改正的，可以处以罚款。

第四十五条　地方各级人民政府或者各级人民政府有关部门违反本法规定，超越定价权限和范围擅自制定、调整价格或者不执行法定的价格干预措施、紧急措施的，责令改正，并可以通报批评；对直接负责的主管人员和其他直接责任人员，依法给予行政处分。

第四十六条　价格工作人员泄露国家秘密、商业秘密以及滥用职权、徇私舞弊、玩忽职守、索贿受贿，构成犯罪的，依法追究刑事责任；尚不构成犯罪的，依法给予处分。

第七章　附　　则

第四十七条　国家行政机关的收费，应当依法进行，严格控制收费项目，限定收费范围、标准。收费的具体管理办法由国务院另行制定。

利率、汇率、保险费率、证券及期货价格，适用有关法律、行政法规的规定，不适用本法。

第四十八条　本法自 1998 年 5 月 1 日起施行。

价格违法行为行政处罚规定

（1999 年 7 月 10 日国务院批准　1999 年 8 月 1 日
国家发展计划委员会发布）

第一条　为了依法惩处价格违法行为，保护消费者和经营者的合法权益，根据《中华人民共和国价格法》（以下简称价格法）的有关规定，制定本规定。

第二条　县级以上各级人民政府价格主管部门依法对价格活动进行监督检查，并决定对价格违法行为的行政处罚。

第三条　价格违法行为的行政处罚由价格违法行为发生地的地方人民政府价格主管部门决定；国务院价格主管部门规定由其上级价格主管部门决定的，从其规定。

第四条　经营者违反价格法第十四条的规定，有下列行为之一的，责令改正，没收违法所得，可以并处违法所得 5 倍以下的罚款；没有违法所得的，给予警告，可以并处 3 万元以上 30 万元以下的罚款；情节严重的，责令停业整顿，或者由工商行政管理机关吊销营业执照：

（一）相互串通，操纵市场价格，损害其他经营者或者消费者的合法权益的；

（二）除依法降价处理鲜活商品、季节性商品、积压商品等商品外，为了排挤竞争对手或者独占市场，以低于成本的价格倾销，扰乱正常的生产经营秩序，损害国家利益或者其他经营者的合法权益的；

（三）提供相同商品或者服务，对具有同等交易条件的其他经营者实行价格歧视的。

第五条　经营者违反价格法第十四条的规定，捏造、散布涨价信息，哄抬价格，推动商品价格过高上涨的，或者利用虚假的或者使人误解的价格手段，诱骗消费者或者其他经营者与其进行交易的，责令改正，没收违法所得，可以并处违法所得 5 倍以下的罚款；没有违法所得的，给予警告，可以并处 2 万元以上 20 万元以下的罚款；情节严重的，责令停业整顿，或者由工商行政管理机关吊销营业执照。

第六条　经营者违反价格法第十四条的规定，采取抬高等级或者压低等级等手段销售、收购商品或者提供服务，变相提高或者压低价格的，责令改正，没收违法所得，可以并处违法所得 5 倍以下的罚款；没有违法所得的，给予警告，可以并处 1 万元以上 10 万元以下的罚款；情节严重的，责令停业整顿，或者由工商行政管理机关吊销营业执照。

第七条　经营者不执行政府指导价、政府定价，有下列行为之一的，责令改正，没收违法所得，可以并处违法所得 5 倍以下的罚款；没有违法所得的，可以处 2 万元以上 20 万元以下的罚款；情节严重的，责令停业整顿：

（一）超出政府指导价浮动幅度制定价格的；

（二）高于或者低于政府定价制定价格的；

（三）擅自制定属于政府指导价、政府定价范围内的商品或者服务价格的；

（四）提前或者推迟执行政府指导价、政府定价的；

（五）自立收费项目或者自定标准收费的；

（六）采取分解收费项目、重复收费、扩大收费范围等方式变相提高收费标准的；

（七）对政府明令取消的收费项目继续收费的；

（八）违反规定以保证金、抵押金等形式变相收费的；

（九）强制或者变相强制服务并收费的；

（十）不按照规定提供服务而收取费用的；

（十一）不执行政府指导价、政府定价的其他行为。

第八条　经营者不执行法定的价格干预措施、紧急措施，有下列行为之一的，责令改正，没收违法所得，可以并处违法所得 5 倍以下的罚款；没有违法所得的，可以处 4 万元以上 40 万元以下的罚款；情节严重的，责令停业整顿：

（一）不执行提价申报或者调价备案制度的；

（二）超过规定的差价率、利润率幅度的；

（三）不执行规定的限价、最低保护价的；

（四）不执行集中定价权限措施的；

（五）不执行冻结价格措施的；

（六）不执行法定的价格干预措施、紧急措施的其他行为。

第九条　本规定第四条至第八条规定中经营者为个人的，对其没有违法所得的价格违法行为，可以处 5 万元以下的罚款。

第十条　经营者违反法律、法规的规定牟取暴利的，责令改正，没收违法所得，可以并处违法所得 5 倍以下的罚款；情节严重的，责令停业整顿，或者由工商行政管理机关吊销营业执照。

第十一条　经营者违反明码标价规定，有下列行为之一的，责令改正，没收违法所得，可以并处 5000 元以下的罚款：

（一）不标明价格的；

（二）不按照规定的内容和方式明码标价的；

（三）在标价之外加价出售商品或者收取未标明的费用的；

（四）违反明码标价规定的其他行为。

第十二条　拒绝提供价格监督检查所需资料或者提供虚假资料的，责令改正，给予警告；逾期不改正的，可以处 5 万元以下的罚款，对直接负责的主管人员和其他直接责任人员给予纪律处分。

第十三条　政府价格主管部门进行价格监督检查时，发现经营者的违法行为同时具有下列三种情形的，可以依照价格法第三十四条第（三）项的规定责令其暂停相关营业：

（一）违法行为情节复杂或者情节严重，经查明后可能给予较重处罚的；

（二）不暂停相关营业，违法行为将继续的；

（三）不暂停相关营业，可能影响违法事实的认定，采取其他措施又不足以保证查明的。

政府价格主管部门进行价格监督检查时，执法人员不得少于两人，并应当向经营者或者有关人员出示证件。

第十四条 经营者因价格违法行为致使消费者或者其他经营者多付价款的，责令限期退还；难于查找多付价款的消费者、经营者的，责令公告查找；公告期限届满仍无法退还的价款，以违法所得论处。

第十五条 经营者有行政处罚法第二十七条所列情形的，应当依法从轻或者减轻处罚。

经营者有下列情形之一的，应当从重处罚：

（一）价格违法行为严重或者社会影响较大的；

（二）屡查屡犯的；

（三）伪造、涂改或者转移、销毁证据的；

（四）转移与价格违法行为有关的资金或者商品的；

（五）应予从重处罚的其他价格违法行为。

第十六条 经营者对政府价格主管部门作出的处罚决定不服的，应当先依法申请行政复议；对行政复议决定不服的，可以依法向人民法院提起诉讼。

第十七条 逾期不缴纳罚款的，每日按罚款数额的 3% 加处罚款；逾期不缴纳违法所得的，每日按违法所得数额的 2‰加处罚款。

第十八条 任何单位和个人有本规定所列价格违法行为，情节严重，拒不改正的，政府价格主管部门除依照本规定给予处罚外，可以在其营业场地公告其价格违法行为，直至改正。

第十九条 价格执法人员泄露国家秘密、经营者的商业秘密或者滥用职权、玩忽职守、徇私舞弊，构成犯罪的，依法追究刑事责任；尚不构成犯罪的，依法给予行政处分。

第二十条 本规定自发布之日起施行。

国家计委办公厅、建设部办公厅关于工程勘察收费管理规定有关问题的补充通知

计办价格〔2002〕1153 号

国务院有关部门办公厅（办公室），各省、自治区、直辖市计委、物价局、建设厅：

鉴于国家计委、建设部颁发的《关于发布〈工程勘察设计收费管理规定〉的通知》（计价格〔2002〕10 号）所附《工程勘察收费标准》中的个别项目称谓、计量单位有所变化、调整，现予以修正（详见附件），请按照修正后的规定执行。

特此通知。

附：《工程勘察收费标准》修正表

二○○二年九月二日

主题词：工程　勘察　收费　补充　通知

附：

《工程勘察收费标准》修正表

序号	表号	错误	正确
1	3.3-2	"探井"、"探槽"、"平硐"	"井探"、"槽探"、"硐探"
2	3.3-5	"钻孔，取样，小型岩土工程<3个台班"	"钻孔，取样，原位测试，小型岩土工程勘探<3个台班"
3	7.2-1	"电极距L(m)"，"高密度电法按电测深相应基价深以0.8的附加调整系数"，"井温，井径测量(计费单位)点"	"电极距L(m)(AB/2)"，"高密度电法按地面电法相应装置基价乘以0.8的附加调整系数"，"井温，井径测量(计费单位)m"
4	11.1-1	发电工程	火电工程
5	11.4-1	附加调整系数0.8	收费基价为初设阶段的0.8
6	11.4-2	收费基价为表11.2-3中300MW	收费基价为表11.3-1中300MW
7	11.5-1	附加调整系数4.0	收费基价为初设阶段的4.0
8	11.5-2	"收费基价为表11.4-1中110KV施设收费标准"，"隐蔽地区面积占线路长度>50%"，11.4-1初设收费标准	"收费基价为表11.5-1中110KV施设费标准"，"收费标准"，"隐蔽地区面积占线路长度>60%"，11.5-1初设收费标准
9	15.4-1	备注 起价 起价 起价 起价 起价	内插值 起价 3200 2733 1867 1467 1200 933 起价 1140 990 900 830 起价 1530 1130 1000 起价 2470 2000 1800 起价 1500 1370 1300 1170

注1. 本表按照内插法计算收费（错误） ── 注1. 本表按照内插法计算收费，计费额=收费基价+内插值×(实际工程量-基价对应工程量)（正确）